성냥갑에서
벗어나기

| 전윤주 저 |

나다움
인테리어

가장 나다운 공간을 위한

인테리어 가이드

성 냥 갑 에 서   벗 어 나 기

나다움 인테리어

| 만든 사람들 |

기획 실용기획부 | **진행** 한윤지 | **집필** 전윤주 | **편집·표지디자인** D.J.I books design studio 원은영

| 책 내용 문의 |

도서 내용에 대해 궁금한 사항이 있으시면
저자의 홈페이지나 아이생각 홈페이지의 게시판을 통해서 해결하실 수 있습니다.

아이생각 홈페이지 www.ithinkbook.co.kr
아이생각 페이스북 facebook.com/ithinkbook
디지털북스 인스타그램 instagram.com/dji_books_design_studio
디지털북스 이메일 djibooks@naver.com
디지털북스 유튜브 유튜브에서 [디지털북스] 검색
저자 이메일 colleeen@naver.com
저자 블로그 blog.naver.com/colleeen

| 각종 문의 |

영업관련 dji_digitalbooks@naver.com
기획관련 djibooks@naver.com
전화번호 (02) 447-3157~8

책을 시작하며

'당신은 행복한 집에 살고 있나요?'

행복이란 여러 가지를 생각해 볼 수 있지만 우리는 가장 극단적으로 집을 자산으로 인식한다. 집을 고치는 행위는 일상생활의 편의보다는 가치를 높이기 위한 목적이 대부분이기 때문이다. 인테리어를 하더라도 금전적 가치와 유행의 측면에서만 집을 바라보게 된다. 막상 인테리어를 시작하면 "언제 이렇게 해보겠어!" "요즘 이 스타일이 유행이라 하던데" 등 무언가를 해야 한다는 강박관념에 사로잡혀 본인의 취향과는 무관하게 인테리어를 진행한다. 사는 사람들의 그 어떠한 삶은 고려 대상조차 아니다.

과연 '좋은 집에 살고 있다'는 좋은 집의 '기준'은 무엇일까?

인테리어를 예쁘게 하면, 또는 요즘 스타일로 하면 좋은 집에 살고 있다고 할 수 있을까? 예쁜 인테리어와 요즘 인테리어 스타일에 대한 정보는 인스타그램, SNS, 핀터레스트와 같은 여러 가지 통로로 얻을 수 있다. 그야말로 정보의 홍수 속에 살고 있기 때문이다. 하지만 그 많은 사진 속 모습과 똑같이 꾸며도 내 집 같이 느껴지지 않는 이유가 있다. 사진 속 인테리어는 내 집(아파트)과는 전혀 다른 구조와 형태를 가지고 있기 때문이다. 내 집의 속내를 살펴보지 않고 무작정 인테리어만 똑같이 할 수는 없다. 내 집의 연식과 구조를 알아야 하며 특히 해외 집(아파트)의 경우 한국과 천장 높이, 기둥 모양, 벽 구조 등이 다르기 때문에 똑같이 할 수 없는 상황이 많이 벌어진다. 그러니 각종 SNS에서 인기 있는 인테리어의 겉모습만 따라 한다고 한들 집은 매력적으로 느껴지지 않고 돈만 많이 지출하는 실패 상황이 발생하는 것이다. 결국 업체를 통해 다른 인테리어를 시도하게 된다.

나는 인테리어 디자이너이자 아파트 인테리어 강의를 하고 있으며, 공간에 대한 훈련과 지식이 있는 만큼 집이라는 공간에 대해 좀 더 생각을 한다. 인테리어 강의를 하다보면 인테리어를 배우는 이유는 결국 좋은 집에 살기 위해서이다. 많은 분들이 방법을 잘 몰라서, 혹은 내 집의 가치를 올릴 만한 그 어떠한 기성 답안이 있을 것이라 생각하고 강의를 듣고자 한다. 이는 아직도 많은 사람들이 큰돈을 들여야만 좋은 집을 가질 수 있다고 생각한다는 반증이다. 하지만 큰돈을 들여야만 좋은 집이 되거나, 가치 있는 집이 되는 것은 아니다.

인구의 60%가 똑같은 아파트 주거 형태에서 살고 있지만, 하루를 살아도 행복하게 살고 싶은 '집에 대한 이상'은 누구나 갖고 있다. 사는 동안 내 집에서 만족감을 얻기 위해, 나만의 취향을 반영한 집에서 행복한 삶을 살기 위해 결국 집에 투자를 하게 된다. 그럼 인테리어를 하기 전 어떤 자세가 필요할까?

첫째, 인테리어에는 모범 답안도 없고, 베스트도 없고, 퍼팩트도 없다.

공간의 모습에는 사실 '시각적'인 변수가 크게 작동을 한다. 하지만 '예쁜 공간', '예쁜 집'에 사는 것이 인테리어의 최종 목적은 아닐 것이다.

둘째, 좋은 집에서 사는 건 잘사는 것이 아니라 잘 사는 것. 즉, 행복하게 사는 것이다.

돈, 명예 권력 등 소유의 양과 행복의 양은 별 상관이 없다. 사랑하는 사람들과 함께하는 시간을 소중히 여기며 소박한 삶의 여유를 즐기는 자세가 필요하다.

셋째, 인테리어의 시작은 혼자 스스로 결정하는 게 최고이다.

나보다 더 나의 삶을 잘 아는 사람은 없기 때문에, 내 취향을 알고 그것을 스스로의 라이프스타일에 맞춰서 인테리어를 시작해야 한다. 전문가는 조언자일 뿐이며 브랜드, 인스타그램 등에 휘둘릴 필요가 없다.

이 책은 인테리어를 진행할 때 생각해야하는 부분이 무엇인지에 대한 책이며, 공간을 예쁘게 꾸미는 방법을 알려주지는 않을 것이다. 즉, 허황된 얘기는 없다는 뜻이다.

멋진 소품과 뛰어난 감각이 있으면 좋지만 소품으로 꾸미기에는 공간이 부족할 수도, 감각을 뽐내기에는 돈이 부족할 수도 있다. 북유럽 스타일의 가구, 카페 같은 소품도 등장하지 않는다. 그저 우리가 살고 있는 아파트의 구조를 분석하고 상상을 현실로 바꾸기 위한 컬러, 자재 등을 고르는 노하우를 알려주며, 나만의 공간을 완성하는 빌트인 가구 조합을 이야기하며, 각각 공간의 놀라운 인테리어 이야기를 함으로써 '오늘이 행복해지는 인테리어 비법'을 이야기하고자 한다. 집이 좁고, 언제 떠날지 몰라도 사는 동안 쾌적하고 편리한 생활을 위해 무심코 지나온 내 집의 공간을 알아봄으로써 내 취향에 맞는 인테리어를 하시기 바란다. 그러다 보면 내 집의 행복도, 가치도 함께 올라간다는 점을 말씀드리고 싶다.

나는 태생적인 미적 감각이 없어도, 큰 돈 들이지 않아도, 오늘이 행복해지는 내 집 인테리어가 실현 가능한 일이라 생각한다. 내가 살고 있는 집과 내가 사용하는 물건 등을 탐색하여 나의 취향을 찾는 것부터 시작한다면 그게 결국 좋아하는 것과 함께 행복하게 사는 것으로 연결되지 않을까? 인테리어가 완벽하지 않아도 '내가' 행복을 느낄 수 있는 가장 나다운 집에 살 때 집의 가치를 가장 현실적으로 높일 수 있다고 생각한다.

저 자

전윤주

목차

1

집이라는 세상,

지금 내가 사는 이곳

누구나 누릴 수 있는 행복 시작,
집이 뭐길래?

 # 당신은 잘 살고 있나요?

사랑하는 가족들과 행복한 집에서 시작하는 아침.

창문을 열어 환기를 시키고, 신선한 커피를 내리며 주방의 테이블에 앉아 모닝커피를 마실 때, 문득 나를 둘러싼 모든 물건이 제자리에 있을 때면 가장 편안한 마음으로 여기 살아서 참 행복하다는 생각을 한다. 사랑하는 사람들과 함께하는 시간을 소중히 여기며 소박한 삶의 여유를 즐기는 우리 집, 이것이 진정한 행복이 아닐까?

자신의 공간에서 안정감을 느끼고 작고 소소한 것에서 느끼는 즐거움, 이런 것들이 소수만을 위한 특권은 아니라고 생각한다. '집'이라는 공간이 주는 해택은 우리가 얼마나 부자인지 상관없이 누구나 누릴 수 있기 때문이다. 이렇듯 집은 삶의 기반이자 우리에게 안정성을 주며 그 주변에서 삶을 설계하게 한다.

다른 한편으로 집이 자산이라는 확신도 있다. 대한민국의 집은 연금이자 불확실한 미래를 대비하는 경제적인 보상책이기 때문이다. 경제적 압박, 불안감에 시달리는 현대인들에게 어쩌면 집은 자신에게 열려 있는 유일한 표현의 공간이자 자유의 공간일지도 모른다. 하여 집은 자산이자 짐이기도 하며 평온함과 행복감을 주는 동시에 어깨를 짓누르는 장소이기도 하다.

뻔한 의미를 넘어 집이 진정으로 의미하는 것은 무엇일까? 잘 살고 있다고 행복한 삶을 가리키는게 집이 아닐까. 행복은 모든 이들이 바라는 소망일 테니

말이다. 집을 자산으로만 바라보는 것보다 나의 집 가치를 알아보고 삶을 가꾸어가는 사람이 행복하지 않을까? 결국 집의 가치 그 근본은 '나'이다.

내 집같이 느껴지는 집은 어떤 집일까?

우리는 새 집을 지나칠 정도로 좋아한다. 신기할 정도이다.

"오래된 집은 싫어요" 부르짖는 사람들 대부분은 이전에 살다간 여러 타인의 삶에 대한 거부 반응으로 새 집을 원하게 되는게 아닐까 싶다. 집에는 그곳에서 생활하며 생긴 흔적이 담겨 있으며 공기까지도 간직하고 있다. 자기 집에서 나는 냄새에는 둔감해도 남의 집에 방문하면 그 집의 냄새를 쉽게 알아차리듯 집은 고유의 냄새를 간직하고 있다. 이사했을 때 집을 다시 꾸미는 이유는 결국 이전에 살았던 사람의 흔적을 감추기 위해서이다. 그러나 새 집 역시 시간이라는 결정적 요소를 피해갈 수 없다. 사람들이 거주하면서부터 흔적은 쌓이기 시작하고 벽지와 페인트 두께를 더해가며 자재와 부품의 노후화가 진행된다. 마룻바닥은 갈라지고 틈이 생기며, 마감 부분과 표면에는 흔적과 흠집이 생기며, 손잡이에는 여러 사람의 손을 타면서 기름때가 쌓이기 시작한다.

그럼 '집같이 느껴지는 집'은 어떤 집일까?

사실 새 집은 아직 집이 아니다. 새 집은 준비 상태일 뿐이다. 신축 아파트를 보면 사는 사람은 아직 정해져 있지 않다. 보통 아파트 디자인은 평형별로 가족구성원을 가상으로 설정하고 그들의 라이프스타일을 고려하여 인테리어를 시작한다. 들어와서 살 사람들의 살아왔던 집에 대한 생각과 살고 싶은 집에 대한 꿈의 이야기는 없다.

오히려 살고 있는 집을 리모델링을 했을 때 드디어 '집'이 되기 시작한다. 살면서 무엇이 좋았는지, 나빴는지, 아쉬운 건 무엇이었고, 해보고 싶은 건 무엇이었는지, 버릴 수 없는 것은 무엇이고 가져가고 싶은 것은 무엇인지 등을 생각하고 반영하기 때문이다. 비로소 내 집 같은 집을 가지게 되는 것이다.

기억 속 우리 집

결혼을 해서 한 집에 같이 산다는 것은 남자와 여자가 서로 다른 과거를 가지고 같은 미래에 대한 가능성을 꿈꾸면서 사는 것과 같다. 어쩌면 결혼 전 남자와 여자가 '집에 대한 궁합'을 맞춰보는 것은 정말 필요할 수도 있다. 꼭 비슷한 집에서 살아야만 궁합이 맞는 것은 아니지만 남녀가 만나서 같이 산다는 것은 비슷함을 확인하는 공감뿐만 아니라 다름의 신선함을 맛보며 느낌의 폭을 넓히는 의미도 있다.

결혼 전 혼자 자취생활 한번 안 해본 나는 부모님과 28년을 함께 살았다. 집이 재산의 전부인 부모님은 언젠가 우리 집이 생긴다는 전제로 늘 2년 또는 4년 마다 이사를 다니며 고층 아파트에서만 살아왔다. 아파트에만 살다보니 높은 층에 대한 두려움도 없으며, 엘리베이터가 없는 집은 상상조차 못했다. 일정 기간이 지나면 옆집에 누가 사는지 알기도 전에 이사를 다녔다. 반면 남편은 살면서 한번도 아파트에 살아본 적이 없는 사람으로 단독주택에서 태어나서 지금까지 살아왔다. 주택에서 살았기에 땅과 아주 가까이 있으며 현관문을 열면 하늘과 마당이 보인다. 이사를 다녀본 적이 없었기에 물건을 버리는 것보다 고쳐 쓰는 것에 익숙한 사람으로 거주지를 옮길 수도 있다는 어떠한 전제도 없는 상태였다.

이런 남녀가 만나 한 집에 산다는 것은 엄청난 싸움을 가져왔다. 공간 싸움, 스타일 싸움, 취향 싸움, 주도권 싸움, 경영권 싸움 등 눈에 보이지 않게 싸움은 일상 곳곳에서 일어났다. 특히 남편은 전셋집인데도 처음 시작하는 신혼집이기에 금액에 대한 부담이 있음에도 새로 시작하는 마음으로 인테리어 전체 수리를 원했고 나는 언제든 이사 갈 수 있다는 전제로 있는 것을 활용하자는 생각이 더 많았다. 결국 일주일간의 긴 싸움으로 신혼집은 전체 수리로 진행 되었으며 싸우면서 정든 신혼집이 되었다. 그렇게 2년의 시간이 지나 계약기간이 끝날 때 쯤 집주인한테 전화가 와 집을 보고 싶다고 했다. 새로 바뀐 집을 보며 다른 마음이 들었는지 이틀 뒤 다시 전화해 전세금을 올려 받겠다고 했다. 신혼집이라 새로 인테리어를 모두 했고 2년밖에 안 살았는데 나가라니...

신혼집을 준비하며 남편과 싸운 그 기간과 아이를 낳고 살기까지 2년의 시간을 보낸 이 집을 떠나야 한다니 그저 눈물이 났다. 생각해보면 소유여부나 짧은 거주 기간과는 상관없이 정든 집과의 이별은 정말 힘든 거 같다.

싸우며 정든 집. 희로애락이 녹아있는 애증의 집. 내 기억 속 첫 번째 우리 집이다.

2년마다 프로급 이사

어린 시절, 나는 이사하는 날이 가장 좋았다. 이삿짐을 싸는 아저씨들 구경과 특별한 음식인 자장면도 먹을 수 있어서였다. 이번에는 어디로 가지? 어떤 동네일까? 집은 어떻게 생겼을까? 하는 설렘에 잠을 못 이루기도 했다. 이사는 좋았지만 어느 집으로 가든 내 방을 가꾸는 법이 없었다. 언젠가는 이사를 갈 거라는 생각 때문이었다. 2년마다, 길면 4년마다 이사를 다녔고 짐을 싸고 푸는 데에 프로급이 되었다.

결혼을 한 후에도 이사 다니는 횟수는 줄지 않았다. 지금 결혼 6년차이지만 그 기간 동안 5번을 이사했으며 지금 집도 언젠가는 떠나야 할 집이라는 생각에 사는 동안 집을 가꾼다는 생각조차 어려웠다. 전세라 해도 사는 동안 그 집의 주인은 나인데, 이사에 대한 두려움으로 집을 잘 가꾸고 싶다는 생각이 사라진 것이다. 집주인의 연락이 신경 쓰여 사는 동안 초조해지는 내 집은 행복한 장소가 될 수 없었다.

　이제는 전세든 월세든 새 집처럼 꾸미지 않아도 그저 행복하게 살고 싶다는 생각이 간절하다. 단순히 큰 집, 멋진 집이 아니라 내 취향에 맞는, 우리 가족의 라이프스타일에 맞는 집을 꿈꾼다.

나중에 우리 집이 생기면

인생을 걸어야 하는 집

한국에 살면서 가장 먼저 꾸는 꿈은 '내 집 마련의 꿈'

내 집 마련의 꿈은 우리 사회에서 가장 강력한 이야기이다. 어른들의 '그때 아파트를 잘 사서 큰 어려움 없이 너희들을 잘 키울 수 있었단다. 그러니 집을 사서 안정적으로 살아야 한다'라는 이야기는 세대에서 세대로 전해진다. 그 이야기가 이렇게 전해진 이유는 그 뒤에 붙은 수사 때문이다. '누가 어떤 집을 샀고, 집을 산 이후 누군가는 집으로 돈을 벌었다'는 신화 말이다. 우리는 알지 못하는 사이에 이 신화에 감염이 되어 집을 사서 돈을 버는 것을 당연히 받아들인다. 집으로 돈을 버는 것이 가장 가치 있고 경제적이고 합리적인 행위라고 생각하게 됐기 때문이다. 학군이 좋고 살기 편한 곳, 남들에게 자랑할 수 있는 곳, 투자가치가 높은 곳에 살고 싶다는 욕망이 사람들을 모이게 했고 집값 상승을 가져왔고 그런 지역에 집을 소유하면 대박인생이 가능하다고 믿게 되었다.

지금까지 집을 소유한다는 것은 중산층이 됐다는 경제 안정의 지표이기도 했다. '집 소유자 = 중산층 이상, 세입자 = 중하층 이하 서민층'이라는 인식이다. 집을 가지지 못한 사람들은 집을 가진 사람들을 끊임없이 바라보고 산다. 결국 집을 소유하기 위해 많은 빚을 져서라도 집을 구입한다. 처음에는 내 가족들과 함께 행복하게 잘 살기위해 '살고 싶은 집'을 구입한 것이지만 곧 자신의 소득보다 훨씬 더 많은 불로소득을 보장해 주는 집을 투자의 기준으로 보게 된다. 즉, 살고 싶은 집의 행복 기준이 부동산 가치(경제적 가치가 있는 재산으로서의 집)로서의 의미가 더 커진 것이다.

그러다 어느 순간 '아파트라는 괴물에, 혹은 집이라는 괴물에게 왜 내 인생을 이렇게 다 걸어야 하는가?'를 생각하게 된다. 가족이 오랫동안 꿈꿔온 새 집을 갖기만 하면, 살고 있는 작은 집보다 더 크기만 하면 모든 문제가 감쪽같이 사라질 거라고 생각했는데... 그러나 공간을 탓하는 것은 하나의 핑계일 뿐이다. 나의 삶에 맞게 내가 좋아하는 것들과 함께 살다 보면 투자의 가치보다 행복의 가치가 높아질 것이다.

인생을 걸어야 하는 집

흰 드레스와 신혼여행에 대한 기쁨보다도 더 나를 설레게 했던 건 남편과 함께 살 수 있는 집이 생긴다는 것이었다. 집을 구하면서 우리가 같이 사는 것. 그리고 그 집에서의 미래에 대한 꿈을 꿀 수 있었기 때문이다. 신혼집을 구하기도 힘들었지만 사실 '인 서울'로 집 구하기는 그야말로 하늘의 별 따기. 마음에 드는 집은 둘째 치고, 집다운 집을 구하기도 너무 어려웠다. 결혼을 앞두고 팔방으로 전셋집을 알아보러 다녔고, 다니면서 어느 정도 구조만 만족하면 집 인테리어는 다시 손을 봐야하는 상황이라는 결론을 내렸다. 발품을 판 덕분에 마음에 딱 뜨는 20평 아파트를 찾았고 은행에서 대출을 받아 나중에 더 좋은 우리 집을 가지기길 희망하며 전세로 계약을 하였다.

'내 집'이라 부르지만 사실은 '은행의 지분이 더 많은 집'

그래도 벽과 문을 페인트하고, 마루와 도배, 샤시까지 하니 새 집이 되었다. 마음에 들지 않았던 작고 낡은 집이지만 하나부터 열까지 신경을 쓰니 조금은 내집 같은 공간이 되었다. 집이 내 집같이 느껴질 때는 언제일까? 최소한의 기준은 다 있겠지만 나의 경우는 쌓여 있는 박스가 없고 어느 정도 살림이 제자리를 찾았을 때, 새 집의 스위치 위치에 익숙해져 이 불 저 불 켜지 않을 때 즈음인 것 같다.

　모든 인테리어를 다 한 후 3개월 정도 지나 우리는 집들이를 했다. 친구들 또는 지인들을 불러 신혼집을 자랑(?)할 수 있는 기회도 가지게 되었다. 처음 부부가 함께하는 우리 집이기에 보여주고 싶었던 거 같다. 집들이 때 친구들, 그리고 지인들에게 가장 많이 받은 질문이 있었다.

　"자기, 이 집 자가야, 전세야?"

　그리고 전세라고 대답을 하면 어떻게 자기 집도 아닌데 이렇게 공을 들이냐며 놀라워한다. 남편이 공들여 했던 집이기에 처음에는 그렇게 이야기 할 수 있다고 생각했지만 사실 뭔가 잘못된 기분이 들었다. '자가도 아닌 전셋집에?'라는 감탄사를 들을 때면 그게 부끄러워해야 할 일도 아닌데 어쩐지 얼굴이 화끈거렸다.

뭔가 내가 잘못 하고 있는 건가? 둘 다 30대 중반 신혼인데 집을 전세로 얻어 고쳐서 사는 것이 이상한 건가? 한참을 생각했다. 집들이는 다른 사람들에게 안 좋은 이야기를 듣는 첫 스타트에 불과했다. '집주인만 좋은 일을 시킨 거다. 그럴 돈 있으면 딴 데 쓰지'라는 말까지, 생각보다 많은 사람이 집에 들이는 노력을 사치라고 말했다. '내 집이 아닌 집. 그저 잠시 스쳐가는 곳인데, 그냥 대충 해놓고 살지'라고 생각하는 것 같았다. 정말 그런가?

나 또한 결혼 전 살았던 집은 언제나 떠나야 하는 집이였기에 애착으로 집을 가꾸는 것은 정말 힘들었다. 그저 '나중에 내 집이 생기면, 돈이 더 모이면, 좋은 집에 이사가면...'으로, 지금 살고 있는 집은 그저 스쳐가는 집일뿐이었다. 하지만 '언젠가 내 집을 사면 행복하게 살겠지'라는 생각하는 것보다 지금 내가 사는 집에서 행복을 먼저 찾아보는 건 어떨까? 꿈에 그리던 집, 살고 싶은 집을 상상하며 현재를 투자하는 집보다 오늘이 행복해지는 인테리어로 행복하게 잘 사는 것도 괜찮지 않을까 싶다.

불편한 공간
이해하는 법

집에 대한 관심

우리는 일반적으로 비교적 합리적인 관점으로 집을 바라본다. 가격과 기능도 중시하지만 집은 조용히 쉴 수 있는 사적인 공간이고 휴식을 취하고 긴장을 풀 수 있는 곳, 이것이 보통 생각하는 가장 이상적인 집이라 생각한다.

팬데믹이 장기화되며 밖에서 타인과 함께 시간을 보내며 에너지를 소비하는 생활은 점차 줄어들기 시작했다. 집에서 홀로 시간을 보내는 사람들이 증가하게 되었고, 나만의 공간, 집에 대한 애착이 생겼다. 즉, 사람들이 '집'에 대해 관심을 갖기 시작한 것이다. 집에서 내가 원하는 여유로운 삶을 꿈꾸는 이들이 늘어나고, 그리하여 셀프 인테리어에 더 많은 관심을 가지게 되었으며, 개성적인 주거를 선호하는 트렌드도 나타나고 있다. 현재 텔레비전이나 잡지에서 집을 꾸미거나 공간을 개선하는 방법을 다루는 것을 심심찮게 볼 수 있으며, 미디어를 통해 최신 주거 트렌드의 흐름을 파악하고 자기 취향과 생활 방식에 맞는 공간을 구상하기도 한다.

집에 대한 불만

가끔 내 집에 불만을 느낄 때가 있다. 왜 그런지 궁금해 하지도 않은 채 나를 둘러싸고 있는 많은 것들을 아주 당연하게 받아들이며 살아가고, 지금 이 순간에도 바쁜 일상 때문이라고 애써 외면하며 결국 잠깐 쌓아놓았던 물건들을 그대로 놓아두고 살고 있다.

지금 내가 살고 있는 집이 불편한 이유는 무엇일까?

내가 살고 있는 공간을 내 욕구와 취향에 맞게 내 것으로 만들고, 그 안에 있는 사물들과 '관계 맺기'를 하는 것은 중요하다. 공간과 그 속의 물건들은 시간이 지날수록 사람에게 의미 있게 다가오는데 그때 비로소 집에 대한 애착을 갖게 된다. 다시 말하자면, 공간과 그 안의 사물과 관계를 맺는다는 것은 곧 집이 나의 안식처이자 내가 있어야 할 곳이라는 것 깨닫게 되는 것이다.

많은 사람들이 살고 있는 공간에 크고 작은 변화를 주고 싶어 한다. 갑자기 변화를 주고 싶다는 충동이 들기도 하고, 집 안의 어떤 부분이 나와 맞지 않는다는 것을 느끼기도 한다. 하지만 일상의 스트레스와 시간 부족 때문에 그런 마음을 묻어두다 보면, 결국 그 공간은 정리되지 않은 상태로 남거나 좋아하지 않는 물건들로 가득 차기도 한다.

삶이 변하고 나 자신도 달라졌는데 집은 달라지지 않았을 경우에도 집에 대한 불만이 생길 수 있다. 누군가를 만나 사랑하고 한 집에 같이 살기 시작하고 아이를 낳는다. 맞벌이 부모는 직장을 옮기기도 하고, 다른 도시로 이사를 하기도 한다. 성장한 아이는 부모로부터 독립하여 집을 나오기도 한다. 이런 갑작스러운 변화는 우리의 집에 대한 요구와 생각도 변하게 한다. 이런 관점에서 보면 집은 삶의 과정이기도 하다. 그러나 대부분 사람들은 변화가 일어나고 나서야 그 상황에 적응하고 그 후에 집의 공간을 바꾸기 시작한다. 나는 변했지만 집은 아직 변하지 않았기 때문에 불편함을 느끼게 된다.

작은 변화의 힘

불편한 집을 편안하고 행복한 집으로 만들기 위해서는 어떻게 해야 할까?

똑같은 집이라도 어떤 사람은 만족하고 어떤 사람은 불만을 느낀다. 왜 그럴까?

집에 왠지 모를 불만이나 불편을 느끼는 이유는 앞서 말한 것처럼 주변 상황이 바뀌었지만 집은 바뀌지 않았거나, 공간을 바꾸더라도 자신의 주거 취향을 모르거나 제대로 의식하지 못했기 때문이다.

사람은 저마다 다양한 취향을 가지고 살아가며, 그 취향이 충족되었을 때 행복을 느낀다. 그렇기 때문에 집의 만족도를 높이기 위해서는 무엇보다 나의 취향을 파악하는 것이 가장 중요하다. 나에게 무엇이 필요한지 일단 알고 나면 나머지는 비교적 간단하게 실행에 옮길 수 있기 때문이다. 결국 나에게 편안한 집을 만드는데 필요한 것은 많은 돈이 아니다. 이미 가지고 있는 것들을 잘 활용하면 대부분의 경우에는 문제를 잘 해결할 수 있다.

첫 걸음,
익숙한 곳 낯설게 보기

살고 있는 집

우리는 살고 있는 집의 풍경, 냄새, 질감 그리고 그것이 주는 느낌에 유난히 민감하다. 그리하여 대부분은 어린 시절에 살았던 집을 제대로 된 보금자리고 인식하며 이는 우리가 공간을 이해하는 척도가 된다. 대부분의 사람들은 살았던 집에 좋은 기억을 많이 가지고 있으며 이 기억이 '살고 싶은 집'에서 가장 결정적 역할을 하기도 한다. 어렸을 때 살았던 공간에서는 상상력만 발달하는 것이 아니라 미적 선호도도 형성된다. 어린 시절 살던 집에 대한 기억은 나이가 든 후 주거 공간에도 영향을 미치는 이유이다. 살고 있는 집이 살아본 집의 연장선이거나 또는 그 반작용이 되기도 한다. 지금의 집을 기억 속의 집처럼 꾸미기도 하고, 다른 한편으로는 살고 싶은 집으로 가는 징검다리로 여기는 경우도 있다. 지금 살고 있는 집을 꼭 살고 싶은 집으로 여기는 사람은 거의 없겠지만, 우리는 무의식적으로 살았던 집에 느꼈던 포근함을 찾기도 하고, 지금 사는 집에 그런 요소를 넣으려 하기도 한다. 살고 싶은 집에는 살아본 집에 대한 기억과 살고 있는 집에 대한 아쉬움이 버무려져 있을 뿐 아니라 전혀 겪어보지 않은 삶, 살아보고 싶은 삶에 대한 꿈과 로망이 녹아들기도 한다.

살고 있는 집, 살고 싶은 집에 담겨 있는 과거와 현재와 미래는 끊임없이 서로 교류한다. 의식하건 의식하지 않건 우리는 공간들을 서로 비교하며 대조하고, 같은 것을 찾거나 다른 것을 추구하고, 새로움을 발견하거나 익숙함을 확인하면서 공관과 새로운 관계를 만들어간다.

익숙한 물건 낯설게 보기

　나만의 공간에 놓인 내가 가진 물건을 보고 그것들이 어떤 느낌을 주는지 생각해본 적이 있는가? 이는 나의 공간과 그 안에 놓인 물건에 관심을 기울여 보는 것을 의미한다. 내가 가지고 있는 물건은 단지 물리적 사물이 아니라 우리의 가장 깊은 감정과 애착을 간직한 사물이다. 소유하고 있는 물건은 나를 침울하게 만들기도 하고 의기양양하게 만들기도 한다.

　익숙한 공간에서 익숙한 물건을 알아가는 과정은 중요하다. 새로운 눈으로 주변을 둘러보며 내가 가지고 있는 물건들의 느낌을 잘 적어두는 것부터 시작한다. 과거의 가장 좋은 시절과 이어주는 물건은 삶의 균형을 잡는데 중요한 역할을 하기도 하며 특정 소유물에서 떠오르는 감정은 '잘' 살 수 있는 원동력이 되기도 한다.

　따라서 소유하고 있는 물건들이 좋아하고 싫어하는 이유가 무엇인지, 그 물건들이 집의 어느 공간에 있을 때 편하고 어느 공간에 있을 때 낯설고 불편한지 파악하여 현재 가지고 있는 물건의 목록을 작성하고 각 물건이 놓인 위치를 적어둘 필요가 있다. 이 과정에서 기억하고 싶지 않은 특정 시기가 떠오를 수도 있고, 사랑하고 계속 간직하고 싶은 물건이 떠오를 수도 있다. 그리고 이러한 작업을 통해 제대로 보이지 않았던 나의 공간과 전에는 몰랐던 물건들이 한눈에 들어오기 시작한다.

　나의 경우 신혼 때 살고 싶은 집을 생각하며 신중하게 구입한 가구와 소품들은 좀처럼 어울리지 않았다. 무엇이 문제였을까를 생각해 보면 아기자기한 것들을 좋아하여 여러 군데 발품삼아 구입한 소품들은 적당한 자리를 찾지 못한 채 여기저기 책장의 어느 빈칸 위에 놓이거나 책상이나 식탁 위에 놓이는 상황이 벌어졌다. 떠올려보면 신혼 때 구입한 모든 소품들은 우리 부부의 추억을 대변하는 것들이다. 하지만 적절치 못한 공간에 놓여 좋아하는 물건인데도 늘 부정적인 시선으로 보게 되었다. 남편과 함께 구매한 물건이지만 내 취향과 무관한 물건들이 생기기도 하며 그 물건들과 어울려 있어야 할 가구와 별개로 각자 돌아다니기도 한다.

이제 집 안의 물건들을 하나씩 살펴보며 내 취향에 어울리는 물건과 공간을 상상함으로써 소소하지만 행복한 시간을 보내고자 한다.

우리 집 스냅 사진

집을 천천히 둘러보며 내가 사는 이곳에 대해 생각해 보았다.

내가 좋아하는 것들이 명확하게 드러나는 집인지 아닌지 판단하고 그런 집을 만들기 위해서는 현재 살고 있는 집의 모습을 제대로 볼 수 있어야 한다. 살고 있는 집의 모습을 보기 위해 무엇을 해야 할까? 살면서 딱히 집 사진을 일부러 찍는 경우는 거의 없지만 사진을 찍어봄으로써 우리는 집을 어떻게 사용하고 있는지, 편한지, 자연스러운지, 어디가 모자란지, 어색한 부분은 어디인지, 어떤 분위기인지 감을 잡을 수 있다. 이는 '예쁜 집'에 살기 위한 작업이 아니다. 가족이 살고, 내가 사는 공간에 대해 '관심'을 두는 작업이다. 또 집 구성원들이 행복해지기 위해 살고 싶은 집을 상상하기 위한 가장 빠른 방법이기도 하다. 우리 집 스냅 사진은 나의 물건을 새롭게 바라보고 기록하는 작업이 될 것이며 내가 사는 공간의 이미지를 수집하는 작업이 될 것이다. 이는 좋아하는 것들로 가득 찬 살고 싶은 집을 위한 첫 작업이다.

비울 것과
챙길 것

비움 (팔고 기부하고) VS 보관

머무는 공간에는 여러 가지 자극(가구)이 존재하며 우리는 적당한 자극(가구)을 즐기는데 이 자극이 지나치게 과한 집들은 많지만 자극이 적은, 텅 빈 것 같은 집은 매우 드물다. 첫눈에도 집 안에 물건이 너무 많아서 비좁아 보이는 집들이 많다는 뜻이다. 가구들이 꽉 들어차 있고 장식품과 생활용품이 넘쳐나는 집은 자극 과잉 상태로, 심할 때는 자극의 홍수처럼 느껴지기도 한다. 우리들에게 '소비'란 나의 존재감을 확인하는 활동이고 '소유'란 나의 존재 가치를 입증하는 상태이다. 그래서 우리는 집에 자꾸 무언가를 들여놓기 바쁘다. 쓸모가 없어졌다고 하더라도 끼고 산다. 언젠가 꼭 쓰겠지 하는 막연한 생각 때문만은 아니다. 물건과 우리 사이에도 어떤 애착 관계가 형성되어 있기 때문이다. 집을 물건과 상품들의 창고로 만들지 않기 위해서는 비움이 절실한데, 그래서 이 애착관계를 끊고 '버리는 결단'이 가장 힘든 행위이다.

집 안을 정리하다 보면 그 사람의 '가치관'을 파악할 수 있다. 남편은 나에게 늘 옷장 하나를 통째로 기부하라며 투덜대지만 남편의 해진 운동화 역시 여전히 한쪽 구석에 모셔져 있는걸 보면 남편이 그걸 버리지 못하는 속사정에 대해 생각하게 된다. 이렇게 사람들은 물건과 쉽게 헤어지지 못하며 이는 집에도 고스란히 반영된다. 언젠가 고쳐야지 하는 마음으로 고장 난 물건을 보관하고, 선물해 준 사람의 성의를 생각해서 마음에 안 드는 선물을 보관하고, 언제 필요할지 모른다는 생각에 불필요한 물건을 보관하고, 작아진 바지이지만 내년에는 맞을지도 모른다는 희망으로 보관을 한다. 하지만 이런 식으로 하다 보면 책장, 서랍장, 옷장까지 점점 더 많은 물건들이 통제 불가능할 정도로 쌓이게 된다.

물건의 '쓸모 가치'와 '정서 가치' 사이에서 우리는 늘 망설인다. 어느 쪽이 우세할까? 나에게는 정서 가치가 우세하다. 이를테면 아이들이 어릴 때 내가 직접 만들어줬던 옷들 중 몇 가지는 지금도 보관하고 있다. 그 옷을 만들던 순간이 떠오르는 그 느낌이 좋아서 간직하는 것이다. 쓸모 가치는 폐기 할 수도 있지만 정서 가치는 시간이 갈수록 소중해진다. 오롯이 '나만의 것'이라서 폐기할 수가 없는 것이다.

비움의 단계에서는 물건을 새로운 눈으로 바라보는 것이 중요하다. 각 물건이 나를 감동시키는지 아니면 그저 공간만 차지하는지 생각해봐야 하는 것이다. 아무 도움도 안 되고 단지 공간만 차지하는 물건이라면 마땅히 비워야 한다.

특정 물건을 비울지 말지 결정하기가 어렵다면 다음 지침을 이용해 보는 것도 나쁘지 않다.

√ 지침

☐   그 물건을 사랑하지 않는가? —— (비우기)

☐   그 물건을 보고 감탄하는가? —— (없애기)

☐   아름다운 물건이기는 하지만 그것을 보면 기분이 언짢은가? —— (내려놓기)

☐   수리가 불가능할 정도로 망가졌는가? —— (버리기)

☐   값비싼 물건이지만 부정적 감정과 기억이 배어 있는가? —— (팔기)

☐   상태는 좋지만 이제는 내 것이라는 느낌이 들지 않는가? —— (기부하기)

어떤 물건을 비우는 것에 어려움이 있다고 그냥 던져두어서는 안 된다. 그러한 물건은 나중에 마음을 무섭게 짓누른다. 보관하고 싶은 물건은 '보관'으로, 버리고 싶은 물건은 '비움'으로 나눈다. 모든 물건을 두 가지로 분류해놓은 다음, 기부할 수 있는 물건은 기부하고 팔 수 있는 물건을 팔고 재활용할 수 있는 물건은 재활용하는 것이 중요하다. 그리고 나머지는 비운다. 그리하여 모든 물건을 정리한다.

물건에 대한 '애착'이란 살고 싶은 집을 만드는 가장 중요한 감정일지도 모른다. 무엇에, 왜, 어떻게, 어느 정도의 감정을 느끼느냐? 익숙한 것, 친숙한 것, 아련해지는 것, 마음이 따뜻해지는 것, 가슴이 아픈 것 등 다양한 느낌을 만나는 공간과 물건들에 대한 애착심의 근원을 들여다 볼 필요가 있다.

챙기기 & 돌보기

비우는 단계에서 불필요한 물건을 없앰으로써 새 물건을 장만하고 계속 간직하기로 결정한 물건은 예우할 공간을 마련할 수 있다. 소중한 기억과 물건들은 중요한 것으로 현재를 돌보고 미래를 준비하게 해준다. 그래서 소중한 물건들을 챙김으로써 진짜 내 것으로 만드는 작업이 중요하다. 이는 기존의 물건과 공간에 새 생명을 불어넣는 행위이며 스스로를 돌보고 성장시키는 한 방법이기도 하다. 이 소중한 물건에는 가족사와 엮여 관심과 애정을 받으며 대대로 전해진 물건들도 포함된다. 적절하게 관리하고 중시하면 과거를 존중하는 동시에 지금 더 가치 있고 멋진 물건이 된다. 하지만 가족과 연관된 감정을 해소하지 못해 물려받은 물건 자체에만 집착 하는 사람들이 더 많다.

결혼 전 남편은 할머니와의 유독 많은 시간을 보냈다고 한다. 추억이 담긴 물건이 많아서일까? 어릴 때 쓰던 물건을 하나같이 버리지 못하고 가지고 있었다. 할머니가 사준 장난감도 가지고 있었으니 쌓여 있는 물건이 얼마나 많았을까? 더군다나 이사 한번 다니지 않고 태어날 때부터 단독주택에 살아서 물건을 버리기 보다는 가지고 있는 것들이 많았다. 서랍에는 먼지가 켜켜이 내려앉은, 한번도 사용하지 않은 학용품도 많았다. '할머니가 사준 물건'이라 했다. 남편에게는 그 물건을 간직하는 것이 자신의 인생과 유년 시절에 중요한 역할을 하신 할머니에 대한 기억을 존중하는 것이었다. 하지만 남편은 그 물건을 적절하게 관리하고 깨끗하게 유지하지 못한 채 '방치'했다.

할머니의 사랑을 많이 받고 자란 남편은 어머님이 계셨음에도 할머니의 보살핌으로 자랐고, 누구 앞에서든 자기주장이 뚜렷하고 강한 사람으로 성장했다. 그러니 할머니가 사주신 물건을 챙기고 보고 간직하고 그 물건을 자기 것으로 만드는 과정이 꼭 필요했다. 서랍에 두고 아주 가끔이나 보던 오래된 학용품을 책상에 꽂아 퀴퀴한 먼지는 사라지고 잘 사용할 수 있게끔 다듬어 주었다. 그리고 지금은 6살 아이가 그 물건을 사용하고 관리한다. 남편은 그 물건이 간직한 수많은 추억을 말해줌으로써 아이에게 증조할머니의 사랑을 전달 할 수 있는 계기가 되었다.

2

나다움 집,
내가 살고 싶은 곳

내가
원하는 것

숨겨진 욕구

인간은 누구나 기본적인 욕구를 가지고 있다. 다만 정도의 차이가 있을 뿐이다. 집에 들어가서 휴식을 취하는 걸 가장 중요하게 생각하는 사람이 있는 반면 멋진 인테리어로 자신을 표현하고 자신의 '가치'를 타인에게 보여주는 걸 좋아하는 사람도 있다. 그러나 대부분의 사람들은 자신의 주거 욕구가 무엇인지 전혀 알지 못하거나 부분적으로만 인식하고 있다. 가끔 혼자 있고 싶다는 마음이 들어 실제로 실행에 옮기기도 하지만 왜 그런 욕구가 생기는 건지 진지하게 생각하지는 않는다.

숨겨진 주거 욕구는 무엇보다 우리가 어떤 환경에서 편안함을 느끼는지에 깊이 관여한다. 자신의 모든 욕구가 온전히 충족되는 곳에서만 편안함을 느낄 수 있기 때문이다. 행복한 생활을 하기 위한 전제 조건은 내 주거 욕구에 대해 잘 아는 것이다. 그래야 온전한 나만의 공간을 만들 수 있고, 결과적으로 그 공간에 애착을 가질 수 있다.

익숙한 공간

숨겨진 주거 욕구는 우리 삶 전반에 걸쳐 기본이 되는 욕구일 수도 있다. 집의 만족감을 높이는 데 중요할 뿐 아니라 이를 충족시키지 못하면 살면서 나쁜 영향을 받게 되고 이런 저런 불만이 생기게 된다. 일반적으로 주거 욕구는 안전, 휴식, 공동체와 같은 기본적인 영역이 있지만 나는 조금 다른 부분을 이야기 하고자 한다.

집의 가장 큰 특징 중 하나는 익숙함이다.

우리가 밖에 나갔다 몇 시간 후에 다시 돌아와도 집은 여전히 그 자리에 있다. 우리가 집에서 나왔던 그 모습 그대로 말이다. 이런 측면은 우리가 마음 놓을 수 있게 해주기 때문에 중요한 역할을 한다. 날마다 오늘 밤은 어디서 자야 할지 걱정하지 않아도 되고, 매일 아침 출근할 때나 저녁에 돌아갈 때 여전히 그 집이 '우리' 집인지 아니면 다른 사람이 들어와 살고 있는 건 아닌지 걱정하지 않아도 된다. 잘 이해되지 않는다면 휴가를 갔을 때를 생각해보면 된다. 다른 지역이나 다른 나라를 여행하는 건 매우 즐거운 일이지만 낯선 곳에서 지내야 하는 건 힘든 일이기도 하다. 호텔에 도착해서 처음에는 마음에 들고 멋진 공간이라 생각하지만 며칠도 못가서 집이 그리워지는 건 익숙한 영역이 아니기에 마치 다른 사람의 옷을 입고 있는 듯한 느낌이 들기 때문이다.

우리가 집에서 익숙함을 느끼는 이유는 어디에 무엇이 있는지 정확히 알고 있기에 예상치 못한 사태가 일어나지 않을 거라고 믿기 때문이다. 호텔은 나갔다가 다시 들어오면 청소가 되어 있는 경우가 대부분이다. 그러다 보니 익숙해지기 전에 또 다른 새로운 환경에 적응해야 하는 상황이 온다. 매일 반복된다면 상당히 많은 에너지를 소모하는 일이다. 나에게 익숙한 '우리 집'은 내가 자유롭게 움직일 수 있는 울타리이자 신경을 곤두세우거나 조심하지 않아도 늘 그곳에 익숙함으로 편안함을 가져온다.

❝ 나만의 공간

집은 휴식을 취하고 재충전을 할 수 있는 곳이다. 저 밖의 위협으로부터 우리를 보호해주기 때문에 집에서는 긴장을 풀고 마음 편히 쉴 수 있다. 실컷 잠을 자고 느긋하게 빈둥거리며 몸과 마음을 새롭게 충전할 수 있는 것이다. 일상생활을 잘 헤쳐 나가기 위해서는 이러한 휴식이 필요하다. 그렇지 않으면 번아웃 상태에 빠져 의욕적으로 일에 몰두하던 사람들도 극도의 신체적 정신적 피로감을 호소하여 무기력해지게 된다. 집은 나를 둘러싼 일상의 스트레스로부터 벗어나 평온하게 휴식을 취할 수 있는 오아시스 같은 공간이다. 사람은 휴식을 취하고 긴장을 풀기 위해서는 외부 세계를 차단할 수 있어야 하며 누구의 간섭도 받지 않는 자유로운 혼자만의 시간이 필요하다.

중세시대에만 해도 대부분의 사람들은 개인적인 공간을 갖지 못했다. 그럴 만한 공간이 없어서라기보다 사적 공간에 대한 개념 자체가 없었기 때문에 혼자만의 공간이나 시간을 요구하지 않은 것이다. 당시 사람들은 다 같이 한 방에서 생활하고 잠을 잤으며 심지어 한 침대에서 여러 명이 함께 자기도 했다. 주인과 하인도 한 집에 살았으며 부엌은 생활 전반이 이루어지는 집 안의 중심지였다. 침실은 물론이거니와 개인 공간, 위생 시설도 따로 없었다. 사람들이 개인 공간을 요구하기 시작한 것은 20세기 들어서면서부터이다.

현대 사회에서는 '개인적인 공간'을 조금 더 중요하게 추구한다. 개인공간이 있다는 건 감정의 짐을 덜 수 있다는 걸 의미한다. 아무도 지켜보는 사람이 없기에 자유롭게 행동할 수 있고 자신의 역할을 내려놓을 수 있으며 다른 사람들에게 잘 드러내지 않는 감정들을 발산할 수도 있다. 가족이나 아주 친밀한 사회집단 속에서도 마음 편히 쉴 수 있는 나만의 공간은 꼭 있어야 한다.

행복한 집의 조건

사람들은 왜 자신의 집을 외부에 표현하려는 것일까? 또 어떤 효과가 있을까?

집을 보면 사람을 알 수 있다고 한다. 사람들은 어떤 식으로든 집에 자신의 흔적을 남긴다. 집을 의식적으로 꾸미지 않는 것도 일종의 자신을 표현하는 방식이다. 과거에는 어느 동네 '몇 평'으로 계산되는 공간을 얼마나 소유하고 있느냐가 그 사람을 평가하는 척도였다. 지금은 집안을 꾸미는 내 물건과 가구, 가전제품이 나를 표현하고 타인에게 내가 어떤 사람인지를 보여준다. 따라서 집은 나를 판단하는 기준이 되거나, 내 인상을 결정하기도 한다.

　페이스북과 인스타그램에서는 '나' 자체를 만들고 표현하는 일이 무척 자유롭다. 실제로 소유하고 있는 공간이 아닐지라도 어떤 공간의 사진을 찍고 SNS에 올리면 곧 내 공간이 된다. 앞으로 다가올 시대는 공간을 '경험'으로 만족하는 형태가 될 것이다. 따라서 집도 렌탈하는 문화가 커질 것이며, 집이 있다 하더라도 렌탈을 통해 고급 브랜드 물건이나 가구, 가전제품들을 모두 사용해 볼 수 있을 것이다. 하지만 새로운 물건과 공간을 접할 수 있는 '경험'은 더 다양하게 얻을지 몰라도 익숙한 물건들 속에서 오는 '행복감'은 가질 수 없을 것이다. 오래도록 사용한 물건은 추억인 동시에, 더 행복한 집의 조건이 될 수 있기 때문이다.

내가
살고 싶은 곳

스타일보다 중요한 것

인테리어 잡지나 여성 잡지에서 흔히 볼 수 있는 주거와 관련된 텍스트에는 다음과 같은 질문이 등장한다. '나는 어떤 유형에 속하는가?'

이 질문이 의미하는 것은 '나는 어떤 인테리어 스타일과 가구 스타일을 선호하는가?'이다. 결국 내가 좋아하는 주거 유형을 알 수 있다는 것이다. 자연의 정취를 느낄 수 있는 전원주택을 선호하는지, 선이 뚜렷하고 색이 밝은 북유럽 스타일을 선호하는지, 아니면 유리를 많이 사용한 현대적인 스타일을 선호하는지 알 수 있다. 이런 테스트는 재미있기도 하고 자신이 어떤 유형인지 명쾌하게 알려주기 때문에 많은 사람들이 좋아한다. 하지만 이런 테스트가 잡지에 자주 나온다는 건 그만큼 많은 사람들이 자신이 어떤 인테리어 스타일을 선호하는지 확실히 알지 못한다는 것을 보여준다.

여러 스타일 사이에서 마음이 갈팡질팡하는 경우도 있다. 어떤 카탈로그, 어떤 인테리어 잡지를 보느냐에 따라 좋아하는 스타일이 달라지며, 때로는 좋아하는 스타일에 일정한 단계를 거치기도 한다. 처음에는 '내추럴 스타일'을 좋아하다가 그 다음에 '모던 스타일'을 좋아하는 식으로 말이다. 극히 일부의 사람만이 단 한 가지의 스타일을 고수하며, 대부분의 사람들은 다양한 인테리어 스타일에서 좋아하는 것들을 발견한다. 그리고 자신이 좋아하는 것들을 잘 매치하여 자기만의 스타일을 구축해 나간다.

SNS에서 마음에 드는 집을 보면 인테리어만 잘 해놓으면 편안하고 행복하게 쉴 수 있는 집이 될 것 같은 생각이 절로 든다. 그러나 내가 살고 싶은 집은 올해의 컬러를 반영한 집과는 관련이 없다. 최신 유행을 따라하거나 유명인의 화려한 집을 모방하는 것과도 무관하다. 살고 싶은 집은 유행하는 인테리어 스타일이나 자재, 가구가 아니라 내가 좋아하는 것, 내 삶이 반영된 '라이프 인테리어'이다. 즉, 인테리어 스타일은 내가 살고 싶은 집의 만족도에 크게 영향을 주지 않는다는 뜻이다.

좋아하는 주거 유형을 찾는 질문보다 아래와 같은 질문을 먼저 생각해 보는 건 어떨까?

❝ 지금의 공간이 현재의 나 자신과 비슷하게 느껴지는가?

❝ 살고 있는 이 공간에 자신이 원하는 것은 무엇인지 알고 있는가?

❝ 내 감성과 잘 맞는 물건들과 살고 있는가?

나에게 맞는 '라이프 공간'

가족의 구성이나 관계, 직업의 종류, 취미나 기호 등은 사람에 따라 제각각이다. 그렇기 때문에 각각의 라이프 구성은 복합적이고 다양하며 그 공간에서 생활하는 사람들의 라이프 구성에 따라 살고 싶은 집의 공간 역시 바뀐다. 집은 우리의 취향 뿐 아니라 외적 조건과 개인적 상황과도 잘 맞아야 한다. 살고 싶은 집과 행복한 공간을 찾기 위해서는 다음과 같은 구체적인 질문을 생각해야 한다.

❝ 우리 집에 누가 사는가?

혼자, 고양이와 강아지를 키우는 가족, 은퇴한 노부부, 신혼 부부?

❝ 나(함께 사는 사람들)의 개인적, 직업적 상황은 어떠한가?

혼자 사는 대학생과 어린 자녀 세 명을 키우는 부모, 그리고 은퇴한 노부부의 생활 리듬은 너무나 다르다. 집에서 얼마나 시간을 보내며 밖에서 얼마나 시간을 보내는가? 저마다의 성격, 취향, 취미, 생활습관 등 의외로 많은 부분에 차이가 있다. 긴 시간 동안 지내는 장소, 물건을 고르고 결정하는 취향 등을 파악할 필요가 있다. 살고 싶은 집 찾기는 구체적인 목표를 정하고 함께 살고 있는 사람들끼리 서로에 대해 이야기 하는 것부터 시작된다.

❝ 각 공간을 어떻게 사용하고 있는가?

각 공간에서 누가 어떻게 지내고 있는가? 공용 공간은 어떻게 활용되는가? 생활하면서 불편한 점은 없는가 등 대수롭지 않아 보여도 생활에 관련된 무엇이든 구체적으로 생각하면 공간을 정하는 중요한 아이디어가 될 수 있다.

❝ 앞으로의 상황이 변할 예정인가?

앞으로의 상황이 변할 것인가 아닌가도 중요한 문제가 된다. 특히 가족에게는 이 질문이 매우 중요하다. 출산을 앞두고 있는가, 어린 자녀가 있는가, 학교에 다니는 자녀 또는 청소년 자녀가 있는가? 아니면 자녀들이 다 성장해서 집에서 독립했는가? 어떤 단계에 있느냐에 따라 공간에 변화가 생길 수 있다. 자녀의 결혼, 스무 살 된 아들의 독립, 남편의 은퇴 등도 해당된다. 이처럼 예상 가능한 변화는 주거 공간에도 영향을 주기 때문에 항상 염두에 두어야 한다. 이렇게 같은 공간에서 생활하는 사람들의 라이프 구성은 밀접하게 연결되며, 살고 싶은 집을 꾸미려면 한 번에 모든 것을 갖추기보다 장기 계획을 세우는 것이 효과적이다.

사실 인테리어에는 완성이란 없다. 그저 공간에서 어떻게 생활하는지(또는 생활하고 싶은지)를 고민하고 집에서 어떤 생각을 하며, 어떻게 생활하는지 등 사는 사람들의 하루를 생각해 가치관을 담아 반영하는 일이 인테리어다. 장기적인 안목으로 이런 변화를 반영할 수 있는 인테리어를 염두에 둬야 하고, 변화를 계기로 새롭게 가꾸어 보는 것도 즐거운 일이다. 따라서 인테리어는 사랑하는 사람들과 함께하는 시간을 소중히 여기며 소박한 삶을 즐기는 것과 연결되어 있다.

남의 기준 말고
나의 기준

스타일, 구별 짓기를 위한 기호

연예인, 정치인 등 사회 유명인사의 집에 대한 사람들의 관심은 어제 오늘 생긴 것이 아니다. 수십억을 호가하는 어마어마한 가격에 호화롭고 웅장하기까지 한 그들의 집, 프랑스산 침대, 체코산 샹들리에, 스위스산 수도꼭지 등 내부 인테리어를 부러워하며 감탄사를 연발하게 된다. 이런 집 스타일은 그들의 지위와 신분을 나타내는 하나의 얼굴로서 일반 대중과 그들을 구분 짓는 가장 대표적인 기호가 되고 있다.

집은 매매의 대상으로서 중요한 의미가 있다. 집이 재산 증식의 중요한 수단이 되면서 경제적 가치가 높은 하나의 상품으로 그 가치가 강조되고 있다. 따라서 오늘날 주거 스타일은 그것을 소유한 사람의 사회적, 경제적 지위를 드러내는 기호로서의 중요한 의미를 지닌다고 볼 수 있다. 즉, 집은 교환 가치가 높은 물리적 공간인 동시에 어떠한 집에 살고 있고 어떤 스타일로 집을 가꾸었는가, 그리고 그 안에서 어떠한 방식으로 살아가는가가 그곳에 사는 사람들의 지위, 가치관, 취향 등을 상징하는 하나의 문화적 공간인 셈이다.

하지만 고급스럽고 완벽해 보이는 집이 항상 좋아 보이는 것은 아니다. 고가의 집에 고가의 가구를 가득 채웠는데도 아늑하고 행복해 보이지 않는 이유는 많은 사람들이 눈에 보이는 획일적인 '스타일'만 고집하기 때문이다.

'○○ 스타일이 유행이고 ○○ 연예인도 꾸민 ○○ 스타일, 나도 한번 해보자' 결정하고 ○○ 인테리어의 가구와 소품을 알아보고 구매해서 집을 꾸미는 작업을 시작한다. 그렇게 '내 기준'이 반영되지 않은 집은 과하게 꾸며진 집이 되어버린다. 자신과 가족에 대한 통찰 없이 그냥 '요즘 이런 스타일이 좋아 보여'라는 생각만으로 꾸민 집은 결국 겉으로는 번듯해 보여도 쉽게 질리거나 몸에 맞지 않은 옷을 입은 것 같은 기분이 들게 된다. 매우 여유로운 경우에는 이게 아니다 싶어 가구와 인테리어를 모두 다시 바꿀 수 있겠지만, 사실 보통 쉽게 할 수 있는 일은 아니다.

남들과는 달라야 & 남들 만큼은 해야

사람들은 체면과 위신을 드러내기 위해 소비를 한다. 소비를 통해 남들과는 다른 자신을 돋보이게 함으로써 타인과 자신을 구별 짓는 것이다. 남들과 다르다는 것은 곧 특별하다는 의미인데, 특별하다는 것은 아무나 소유할 수 없는 것을 선택할 수 있는 경제적 가치를 지니고 있다는 것을 의미한다. 사람들은 조금 더 비싸고 특별한 물건의 소비를 통해 남들과 달라짐으로써 선택 받은 자가 되고 싶어 한다. 말하자면 타인과 자신을 구분 짓고 경계 지으면서 그들과 달라지고자 할 뿐 아니라 특별한 것을 소유하기 위해 과시적 소비를 하는 것이다. 남들과 달라지기 위해 특별한 것을 소비하고 과시적으로 소비하는 경향은 집의 소비에서도 나타난다.

남들과 달라지려고 하는 사람들의 저편에는 남들과 같아지려고 하는 사람들도 존재한다. 일부가 타인과 자신을 경계 짓고 구별 지으려 할 때 그들을 모방함으로써 그들과 유사해지려고 하는 사람들이다. 이 역시 집의 소비에서도 나타나는데 남들보다는 나아야 한다는 차별화의 욕구와 남들만큼은 해야 한다는 동질화의 욕구는 유행의 변화와 밀접한 관계가 있다.

남다른 취향 vs 나만의 취향

'취저(취향 저격)', '취존(취향 존중)'이 일상어가 된 시대,

누가 시킨 것도 아닌데 SNS에 자발적으로 홍보(겸 과시)하고, 인간관계, 나이, 성별 불문하고 '취향' 중심으로 소비하는 시대이다. '취향 소비'는 이제 거대한 소비 트렌드가 되었다. 유행이나 남들의 시선보다는 자신만의 취향과 자기다움에 어울리는 형태와 색깔로 새로운 가치와 라이프스타일을 제시한다. 정치인, 유명 기업가들의 집을 공개하는 이유도 집이 가장 개인적이고 은밀하면서도 그들의 일상이 유지되는 공간이며, 집안 내부의 모습은 그 '사람'을 보여주는 공간으로서 기능을 갖기 때문이다.

그러나 사실 아파트는 특성상 비슷한 상황에 있는 사람들, 비슷한 공간 배치이기 때문에 어느 동네, 무슨 아파트로 이야기 하지 않으면 그들의 경제력이 어느 정도인지 그가 어떠한 삶을 사는지 알 수 없다. 따라서 내부 공간 스타일을 보여줌으로써 더욱 특별하게 전개되는 스스로의 삶을 보여주고자 한다.

집에 어떠한 물건을 들여다 놓고 공간을 어떻게 꾸미는지는 '취향'이며 취향은 남들과는 다른, 특별한 내 존재의 표현이라고 할 수 있다. 그러나 이렇게 공간과 그 안을 채우고 있는 물건들이 무언의 메시지를 던지는 경우도 있다. '남들과 다른 나는 특별해'라고. 과시를 위한 집은 생활을 불안정하게 만들며 실재적 삶이 아닌 과시욕과 허위의식을 보여주는, '남다른 취향'을 전시할 뿐이다.

'소유'를 넘어 삶의 질을 결정하는 집은 다른 사람의 기준이나 유행에 휩쓸리지 않은, 그 안에서 사는 '나의 취향이 담긴 집'이 되어야 한다. 해외 명품 홈 리빙 브랜드 가구와 가전으로 꾸민 '명품 주거 디자인'이 아닌 살고 있는 나에게 어울리는 공간. 특별히 나를 위해 만들어진 나만의 집이 되어야 한다.

가장 중요한 건 결국 '나'

우리는 각자의 취향을 말할 때 조금은 주저하게 된다. 아마도 '나'라는 사람의 선택과 결정으로 만들어진 취향은 왠지 고급스럽고 독특하고 새로워야 할 것 같아 정확하게 설명하는 것이 어렵기 때문이다. 매일 사소한 선택들이 모여 결국 '나'라는 사람이 된다. '내 취향'을 찾을 때 자신이 좋아하는 것이 무엇인지, 좋아하는 음악, 책, 여행, 취미처럼 단편적인 것에서부터 시작하다 보면 상관없다고 생각했던 부분들이 서로 맞닿아 있기도 하다. 반대로, 내가 어떤 옷을 좋아하고 어떤 소재를 입었을 때 편안함을 느끼는지, 어떤 물건을 오래 사용하고 있는지, 집안의 공간에서 가장 중요하게 생각하는 곳은 어디인지, 스스로에 대해 사소한 것까지 질문하여 영감을 얻다보면 어떤 부분은 정말 연관성이 없어 당황스러울 수도 있다. 그런 것들이 바로 '나'라는 사실을 인정하면 오히려 나만의 취향으로 나다운 라이프스타일을 제시할 수 있다.

그것이 어렵다면 특정한 공간, 세상에서의 경험을 통해 자신을 알아보는 것도 좋은 방법이다. 즉, 낯선 도시나 마을로 가보거나 살아보기를 하여 새로운 식당이나 상점을 다니며 좋아하는 물건, 건축적 요소 관찰, 좋아하는 음식의 소리와 질감, 맛과 향을 느껴보고, 다른 사람들은 무엇으로 어떻게 공간을 채우고 사는지 바라봄으로써 나만의 취향을 찾아보는 것이다. 특정 세상에서 각자 다른 사람들의 감성, 다른 취향의 라이프스타일을 관찰하면 나만의 느낌이 녹아드는 집을 구상 할 수 있고, 누굴 따라 하지 않고도 자신에게 가장 잘 어울릴 공간, 멋진 공간을 만들어 낼 수 있을 것이다.

굳이 스타일을
알아야 한다면

스타일의 종류

스타일은 '형식, 양식'과 마찬가지로, 유행처럼 단시간에 사라지는 것이 아니라 장시간에 걸쳐서 정착된 형태이며 대중들에게 널리 인식되고 뚜렷하게 인지되는 특성이다. 스타일은 크게 두 가지로 나누어 생각할 수 있다. 우선 미술, 건축, 음악, 문화 등 당대의 유파나 시대를 대표하는 특유의 형식과 양식을 이야기하는 '시대성을 반영한 스타일'이다. 이 스타일을 다룰 때는 각 시대의 역사를 이해하는 작업이 필요하다. 흔히 '클래식 스타일'이나 '모던 스타일'이라고 표현하는 것은 너무 포괄적이고 광범위하다. 적어도 클래식 표현 양식이 시대마다 어떻게 다른지에 대해 이해하고, 모던 시대는 어떤 단계를 거쳐 변화하는지 그 시대적 상황을 이해하고 바라봐야 한다. 스타일에 대한 이런 방식의 이해와 접근은 매우 흥미롭고 재미있다. 바로크나 로코코, 아르누보, 아르데코 같은 역사를 이해하면 해당 소재, 가구, 패턴, 컬러 등을 이용한 스타일 작업이 가능하다.

'트렌드 라이프스타일을 반영한 스타일'도 있다.

트렌드는 5~10년 주기로 지속적으로 맞물리면서 천천히 혹은 빠르게 유지, 변형, 변화되는 속성을 갖는다. 트렌드 라이프스타일을 반영한 스타일을 이야기할 때 많이 등장하는 표현인 킨포크, 홈스케이프 등이 이에 속한다. '라이프스타일' 접근법은 스타일을 가장 트렌디하게 표현할 수 있는 방법이라 볼 수 있다. '킨포크' 스타일은 건강한 생활양식을 추구하며 삶의 속도를 늦추고 자연과 교감하고 타인과 서로 나누고 함께하는 라이프스타일의 한 종류이다. '킨포크'는 무엇보다 내가 진정으로 원하는 것이 무엇인지 집중하는 삶이며, 건강하게 먹고 건강하게 사는 것, 내 집을 내 스타일대로 꾸미고, 나에게 편안한 공간, 더불어 나눌 수 있는 커뮤니티를 만드는 것을 이야기 한다.

현재 가장 보편적인 이슈가 '나의 행복'임을 생각해 볼 때, 자신의 취향을 우선시하고 집이라는 나만의 공간에 몰입하는 '킨포크'는 현재 가장 트렌드한 라이프스타일이라 말할 수 있다.

우리는 왜 북유럽의 라이프스타일을 사랑하는가?

북유럽의 여러 나라 중 덴마크의 행복 비법을 라이프스타일에서 찾다보면 바로 '휘게'다. 덴마크어 '휘게'의 사전적 의미는 웰빙에 가깝지만 아늑함과 안락함, 여유와 친근함이라는 키워드가 휘게를 설명하는데 좀 더 적절하다. 물질주의, 황금만능주의, 성공 지향이 극에 달한 시점에 많은 사람들은 '지금과 다르게 사는 방법이 없을까?', '돈 없이도 행복할 수는 없을까?'를 고민하기 시작했다. 휘게 라이프의 목적과 핵심가치는 '여유'다. 내 공간에서의 안락함을 추구하고, 소소한 일상해서 행복을 찾는다. 사랑하는 사람들과 더 많은 시간을 공유하고 추억을 만들며 좋아하는 것을 맘 편히 즐기고 곁에 둔다. 뽐내지 않으며 자극적인 것을 추구하지 않는다. TV와 휴대폰을 끄고 독서와 산책을 즐기며 주변의 자연을 느끼며, 계절의 변화를 즐긴다. 휘게는 아늑하고 편안한 나만의 공간을 제안한다. 지금 이 순간 행복하면 그만이기 때문이다.

스웨덴의 '라곰' 라이프스타일이라는 말도 자주 접한다. 라곰은 '많지도 적지도 않게 딱 적당하다'는 의미이다. 미니멀이 최소화 지향이라면 라곰은 적당한 균형점을 지향한다. 이리저리 치우치지 않고 균형이 잡힌 삶을 추구한다. 혼자 잘 살겠다고 아등바등하지 말고 누군가를 위해 자신을 희생하지도 말고 그냥 평범하게 보통의 다른 사람들과 적당히 맞추면서 여유 있게 살아가자는 삶의 방식이다. 이런 면에서는 덴마크 휘게와도 맥락을 같이 한다.

그들의 인생 이야기 = 라이프스타일

누군가 나의 라이프스타일을 묻는다면 뭐라고 대답할 수 있을까? 인테리어 방식이나 옷 입는 스타일로 답할 수도 있고 유행하는 트렌드나 최근 취미활동을 이야기할 수도 있다. 또는 자신에게는 특별한 라이프스타일이 없다고 생각할지도 모른다. 우리가 자신의 라이프스타일을 쉽게 설명하지 못하는 이유는 라이프스타일이 인생 목표와 가치관에 연결되어 있기 때문이다. 그래서 아직 가치관이 명확히 서지 않은 어린 아이들에게서는 그들의 라이프스타일을 발견할 수 없다. 나이가 들수록 라이프스타일이 더 뚜렷하게 나타나는 이유도 남은 인생을 어떻게 살아야겠다는 생각이 더 명확해지기 때문이다.

우리가 누군가의 라이프스타일을 안다는 것은 그의 어린 시절의 경험과 그로 인해 형성된 가치관, 그리고 이를 추구하는 데서 나타나는 태도와 행동 패턴을 이해했다는 것이다. 우리가 타인의 라이프스타일을 쉽게 파악하지 못하는 이유도 여기에 있다. 겉으로 나타나는 모습만으로는 이해하는 데 한계가 있기 때문이다.

서로 다른 생김새만큼이나 우리는 각자 다른 라이프스타일을 가지고 있다. 전형적인 라이프스타일대로 살아가는 사람은 세상에 그리 많지 않다. 정도의 차이도 있고 현실적 제약이 변형을 주기도 한다. 라이프스타일의 전형은 나의 기준을 보여줄 뿐, 정답이나 모범은 아니다. 한 사람의 인생을 관통하는 삶의 패턴은 가치관을 만들어내며, 이것이 라이프스타일이 된다.

아직도 현재 진행형 미니멀

가장 많은 관심을 받는 라이프스타일을 하나만 꼽으라면 단연 미니멀이다. 미니멀 라이프스타일의 핵심 가치는 '단순'과 '실용'이다. 물질주의와 소비지상주의에 대한 회의에서 시작되었으며 사치와 낭비를 줄이고 본질에 충실한 것, 비움에서 풍요를 찾는 것이 목표이다.

불필요한 물건을 버리는 것에서 시작해 가구와 가전은 본질의 기능에 충실한 심플한 디자인이나 공간을 적게 차지하는 다목적 기능의 제품을 선호하며, 불필요한 시간, 불필요한 관계, 불필요한 생각을 정리하는 것으로 라이프스타일은 확장된다. 따라서 명품이나 신상품, 유행에는 관심이 없다. 대신 소비에 신중하고 가성비를 중요하게 여기며 사람을 가진 것으로 평가하지 않고 본질로서 대한다. 즉, '지금의 행복'에 집중하는 것이다.

취향 저격!
드림보드

(나의 취향이 담긴) 드림보드

고유한 취향을 찾으려고 하는데 영감을 받은 이미지나 좋아하는 사진 모으기가 웬 말이냐 할 수 있지만 이 작업은 사실 생각보다 훨씬 중요하다. 꼭 공간 이미지 사진으로만 모아야 하는 것은 아니다. 기타 다른 이미지를 모으다 보면 나 자신을 깊이 있게 관찰하고 내가 어떤 것을 좋아하는지 고민하게 된다. 따라서 취향 찾기는 모든 시각적 사진을 스크랩해두는 것부터 시작하는 것이 좋다. 이 자료들은 디자인을 현실로 구성해놓은 것이며 누군가를 고용해서 인테리어를 진행한다면 내가 원하는 것이 무엇인지 구체적으로 설명할 수 있는 소스가 될 수 있다. 내가 준비한 모든 것을 한 공간에 모아놓고 보다보면 나의 취향을 알 수 있고 살고 싶은 공간을 좀 더 적극적으로 만들 수 있으며, 확신이 들지 않을 때는 사진 한 장으로 방향을 잡아 줄 수도 있다.

모아둔 이미지들을 보며 닮은 구석을 찾아보면 저마다 다른 이미지이지만 공통점이 있다. 왜 그 이미지가 좋았는지 생각하여 '나는 이게 좋다. 나는 이런 건 안 좋아한다.' 또는 '내가 모르는 이런 것도 좋아하는구나' 하며 의식하는 작업이 필요하다. 너무 깊이 생각하지 말고 가볍게 생각하는 게 중요하다. 일관되지 않아도 된다. 사실 취향이라는 건 한 가지 모습으로만 보일 수 있는 게 아니다. 좋아하는 게 극단적으로 다른 경우도 있다. 이미지가 저마다 달라서 당황스럽더라도 어떤 부분이 좋아서 이 이미지를 모아놓은 건지 생각해야 한다. 이렇게 사진을 보면 뭐가 좋은지 설명을 할 수 있어야한다. 골라놓고 좋았던 이유가 떠오르지 않는다면 그 이미지는 선택하지 않는 것이 좋다.

드림보드는 나만의 공간 스타일을 찾아가는 방법 중 하나이다. 사실 취향을 찾기 위해 특정한 경험으로 나만의 스타일을 만들어가는 방법도 있다. 낯선 도시나 마을에서 생긴 좋아하는 물건, 소리, 질감, 공간을 통해 찾는 것이다. 하지만 이는 눈에 보이는 시각적 요소가 부족하여 서로 공유하기 어렵고 설명도 힘들다. 드림보드는 다른 사람에게 쉽게 설명하고 쉽게 만들 수 있기에 스타일을 찾으려고 시도해본 방법 중 효과가 컸다. 여기서 중요한 것은 내가 사는 곳의 공간별 이미지로 찾지 않아도 된다는 점이다. 찾은 이미지가 너무 보편적인 스타일이라 자신의 취향과 전혀 다른 이미지가 될 수 있기 때문이다.

드림보드는 말 그대로 보드판 위에 내가 좋아하는 이미지들을 보기 좋게 모아놓은 거라고 생각하면 된다. 잡지에서 본 멋진 이미지라면 오려내도 좋고, 사진이나 인터넷으로 모은 이미지는 프린트를 한다. 그런 다음 자신의 시선이 많이 닿아 있는 곳, 이를 테면 책상 앞이나 냉장고 같은 곳에 잘 보이게 붙여두는 것이다. 타공판 같은 것을 구입해서 자석으로 붙여도 좋다. 어쨌든 '눈앞에 보이는 것'이 포인트이다. 실제로 만져지는 것과 데이터로만 쌓여 있는 것은 다르다. 실제로 붙여놓은 것들은 마음속 어딘가에 각인되는 느낌이 들기 때문이다. 드림보드는 시각 훈련으로 내가 소비하는 물건들도 묘하게 그 보드를 따라가기도 한다. 매일 보는 드림보드의 닮고 싶던 이미지들과 내 주변이 결국 닮아 가는 경험을 할 수 있다.

나의 취향을 찾고 모으는데 드림보드를 사용한다면 이제 실제 우리 집 공간에 적용하고 싶은 전체적 느낌의 컬러를 찾아 볼 수 있다. 내가 모아둔 이미지 중 우리 집과 비슷한 환경을 찾는 것은 쉽지 않다. 설령 비슷한 환경을 찾는다 해도 이미지와 똑같은 분위기는 낼 수 없다. 이미지를 그대로 따라 하다가는 아무리 나의 취향을 대변하는 이미지였어도 의도와 전혀 다른 공간이 만들어질 수 있다. 이는 내가 소유한 물건과 공간적 느낌이 다르기 때문이다. 드림보드를 활용하지만 내가 소유한 물건과 공간이 잘 어우러지는 '나다운 공간'을 만드는 것이 중요하다.

'센스' 그게 중요한가요?

'센스 좋음'이란 무엇일까?

'센스가 좋다 / 나쁘다'라는 말을 우리는 별생각 없이 입에 올린다. 세련되고 멋지다는 건 결국 센스가 좋다는 말이다. '센스 좋음'이란 수치화 할 수 없지만, 무언가가 자신의 개성에 맞게 구성되었을 때 좋고 나쁨을 판단하는 능력이다. 그럼 센스는 정말 특별한 사람만 타고나는 것일까?

드림보드를 만들기 위한 이미지를 선택할 때 가장 신경 써야 하는 것은 내 취향 그대로를 대변하는 것들보다 가능한 센스 있고 멋진 이미지를 고르려고 노력하는 것이다. 그러나 센스는 숫자로 측정할 수 없는 것이다.

센스에 대해 말하려면 뜻밖에도 '평범함'이라는 감각이 중요하다. 평범함이야말로 '센스가 좋다. 나쁘다'를 측정할 수 있는 유일한 도구이다. 만약 센스가 좋아지고 싶다면 우선 '평범함'을 알아야 한다. 이는 '평범한 것을 만든다'는 의미가 아니라 '평범함'을 알면 보다 다양한 것들을 생각할 수 있다는 뜻이다. 그럼 나의 '평범함'은 무엇일까? 있는 그대로의 '내'가 어떤 사람인지를 생각하고 생활 속 자신만의 기본으로 삼는 것이 무엇인지 안다면 평범하면서도 가장 나다운 것을 찾을 수 있다. 내 일상 속 평범함을 알면 센스 있는 이미지를 선택할 가능성도 높아진다.

센스 있는 사람이 되고자 한다면 지금까지의 나에 대한 객관적인 정보를 모아 가장 '나다운 것'을 알아야 한다. '센스 있는 가구를 고르고 싶은데 고를 수가 없다'는 것은 인테리어에 대한 대단한 지식이 없어서가 아니라 '나'에 대한 정보와 내가 알고 있는 '나다운' 우리 집에 대한 정보가 없기 때문이다. 따라서 센스란 누구나 가질 수 있는 능력이며 타고난 재능이 아니다.

상상은 가볍게, 기록은 여유롭게

　나의 라이프스타일을 계획할 때 꼭 생각해봐야 할 것이 있다. 어떻게 꾸밀지보다 먼저 이 공간에서 내가 어떻게 생활하는지(혹은 생활하고 싶은지)를 스스로에게 물어보는 것이다. 집에는 그 사람의 가치관이 있기 때문이다. 그러나 대부분의 사람들은 선뜻 대답하지 못하고 생각에 잠긴다. 아마도 평소에 깊이 생각해 볼 기회가 없었기 때문이다. 라이프스타일은 사람마다, 그리고 시간이나 가치관의 변화에 따라 달라질 수 있다. 나의 하루, 일상을 떠올려 보고 나 자신에게 관심을 갖는 것부터 시작해 보자.

—— 거실

" 지금의 공간이 현재의 나 자신과 비슷하게 느껴지는가?

" 아이들이 거실에서 노는가? VS 어른만 거실을 사용하는가?

" 거실에서 낮잠을 자는가?

" 거실에서 독서를 하는가?

" 거실에서 하고 싶은 다른 활동이 있는가? 있다면 무엇인가?

" 사람들을 자주 불러 모으는가? 얼마나 자주 부르는가?

—— 식당

" 얼마나 자주 이용하는가? 매일 이용하는가?

" 식탁에는 보통 몇 명이 앉아 식사하는가?

" 매일 쓰기에는 식탁이 너무 큰가?

" 그 식탁은 특별한 행사에 사용 가능한가?

" 의자 높이가 가족 구성원 모두에게 편안하게 맞는가?

" 주방에서 식당으로 쉽게 이동할 수 있는가?

" 수납공간은 충분한가?

—— 침실

“ 침실은 사적인 공간인가?

“ (옷장을 함께 쓰고 있다면) 옷을 갈아입고 편안하게 움직일 수 있는 공간이 충분한가?

“ 침실에 쓰인 색깔이 마음에 드는가?

“ 잠자는 것 이외 침실에서 무엇을 하는가? (책 읽기? TV보기? 전화 통화하기 등)

“ 침실에서 화장을 한다면 화장대 근처에 조명이 따로 있는가?

“ 조명의 밝기는 충분히 밝은가?

“ 옷장과 수납공간은 옷을 충분히 보관하고 넉넉한가?

—— 주방

“ 주로 무엇을 어떻게 요리하는가?

“ 한번에 몇 명이 요리를 하거나 도와주는가?

“ 손님을 초대할 때만 주방을 이용하는가?

“ 정식으로 식탁에 음식을 차리는가?

“ 통조림 식품과 포장 식품, 냉장 식품과 냉동식품은 어디에 보관하는가?

“ 그릇, 유리컵, 조리 도구는 충분한가?

“ 조리대의 높이가 적당한가?

“ 긴 시간 일을 해도 허리가 아프지 않은가?

“ 받침대에 올라서지 않아도 천장 선반에 손이 닿는가?

“ 개수대에 재료를 손질 할 수 있는 공간에 있는가?

“ 다양한 종류의 양념통이 옆에 있어 편안하게 요리할 수 있는가?

“ 찬장 밑에서 재료를 손질할 때 어둡지 않은가?

—— 욕실

“ 욕실을 규칙적으로 이용하는 사람이 몇 명인가?

" 바쁜 아침에 한 명 이상의 사람이 이용해야 하는가?

" 조명은 밝은가?

" 거울 앞의 공간은 충분히 넓은가?

" 수도꼭지는 모두 제대로 작동하는가?

" 뜨거운 물은 잘 나오는가?

" 수납공간이 더 필요한가?

" 욕실에 추가하고 싶은 것이 있는가? (샤워 또는 자쿠지, 욕조 등)

현관

" 신발 수납은 넉넉한가?

" 신발이 너무 많이 있지는 않은가?

" 앉아서 신발을 벗고 신을 수 있는 공간이 있는가?

" 중문이 있는가? 그 역할은 무엇인가?

" 현관 펜트리(창고) 공간은 있는가?

발코니

" 창밖으로 무엇이 보이는가?

" 풍경을 어떻게 바꾸면 내부 공간을 향상시킬 수 있을까?

" 발코니의 활용은 무엇인가?

3

시작은 여기서부터,

우리 집(아파트) 여행

'몇 동 몇 호'라
불리는 우리의 집

우리 집은 ○○ 아파트

아파트(apartment)라는 이름은 'a-part-ment' 즉 '전체의 일부'라는 뜻이다. 하나의 집은 거대한 전체 건물의 일부분으로 부분이 모여 전체를 구성한다. 이때 각 부분들은 표준화되어 크기와 형태가 동일하다. 즉, 바깥에서 보면 구분할 수 없을 만큼 똑같다. 가족을 대표하는 사람의 이름을 집 앞에 붙이던 문패는 언제부터인가 공장에서 찍어내는 제품 번호와 같은 '몇 층 몇 호'를 나타내는 숫자에 그 자리를 내주었다. 외관상 동일한 각 단위 집들의 유일한 차이는 숫자이다. 즉, 212동 308호, 102동 1008호, 이것이 개별 단위 집에 정체성을 부여하는 유일한 방법인 것이다. 예전에는 아이들 이름이라도 따서 준우엄마, 근주엄마, 혜성엄마 등 정감 가는 호칭으로 불렸으나 지금은 ○○○호 아줌마로 불리는 것이 더 익숙하고, 이것은 곧 내가 사는 집의 가치를 호명하는 것과도 같다. 문패의 실종은 개인 기밀이나 사생활, 프라이버시를 중요시하는 방향의 변화라기보다는 아파트가 재테크 수단으로서의 성격이 강해지며 나타난 잦은 이사 같은 현실적 이유 때문이다.

아파트 주거 공간에서 가족의 개성은 외형적으로 드러나지 않기 때문에 주어진 내부구조를 다른 사람과 구별하여 꾸미는 것을 미덕으로 생각한다. 자신들의 삶을 표현하는 수단으로, 이미 구성된 대량생산된 생활자재를 모두 버리고, 다양한 생활자재를 다시 채워 넣는 일이 다반사가 된 것이다. 새 아파트 입주 시 흔히 볼 수 있는 풍경이다. 특정 가족의 삶을 반영한 주거 공간이 아닌 몇 동 몇 호 에 살면서 고급 마감재와 설비 기기들로 치장한 집은 편리성과 편안함, 그리고 내 집 소유라는 집착으로, 가족의 삶이 담긴 공간보다는 상품으로서 '과시의 기호'로 존재하게 된다.

한국 아파트가 다 똑같은 이유

성냥갑. 아파트를 가리켜 흔히 하는 말이다. 어느 아파트나 성냥갑 세워놓은 것처럼 똑같이 생겼음을 뜻하는 말이다. 서울에서 제주까지. 도시 한복판에서 논두렁까지 온 국토가 아파트 일색으로 뒤덮이고 있는 상황을 우려하는 말이기도 하다. 서울에서 제주까지 똑같은 것은 아파트의 겉모습만이 아니다. 아파트 평면도 똑같다. 33평 아파트라면 서울이든 제주도든 부산이든 광주든 다 똑같은 평면이다. '레미*'도 '힐*테이트'도 '자*'도 마찬가지이다. 33평 아파트라면 열이면 아홉은 똑같다고 할 정도로 닮았다. 다른 점이라고 해야 방 크기가 조금 더 크거나 작거나 하는 정도이다. 물론 아파트 평형이 달라지면 평면도 달라지지만 비슷한 평형에서는 평면은 모두 같다.

좀 더 자세히 보면 아파트 규모가 몇 가지로 통일되어 있다. 50평 이상의 대형 아파트를 제외하면 거의 모든 아파트의 규모가 24~25평, 32~35평, 39~40평, 47~49평 등 네 가지 정도의 규모로 볼 수 있다. 이를 전용면적으로 보면 더욱 확실해진다. 정확하게 60m², 85m², 102m², 135m²로 볼 수 있다. 그 중간 규모로는 75m², 120m² 간간이 보일 뿐이다.

평면구성 역시 통일되어있다. 각 업체들은 각 규모별로 '수요자들이 가장 좋아할 평면'을 설계하기 시작했고, 이는 곧 모델하우스에서의 분양 인기로 검증되기도 한다. 이러한 과정을 통해 소위 '최적 평면'이 나오면 모든 업체들의 아파트 설계는 그것으로 통일된다. 물론 수요자들의 기호도 변하고 업체들의 '새로운 평면 개발' 노력도 계속되지만, 아파트 시장이 새롭고 다양한 평면들로 구성되지는 않는다. 최적 평면이 조금씩 변화할 뿐이다. 저마다 개성이 다르고 가치관이 다른 사람들이 똑같은 집에서 사는 사회. 어떤지 으스스한 기분이 들 때도 있다. 전 국토가 똑같이 생긴 집들로 채워지고, 집의 반 이상이 내 집과 네 집, 그의 집과 그녀의 집이 되는 것이다.

모델하우스로 시작되는 집

아파트 모델하우스에 들어서면 최고급 벽지와 최고급 가구의 인테리어로 꾸며진 광경을 보며 이곳에서 펼쳐질 아름다운 미래의 모습을 상상하게 된다. 은은한 조명 아래 깔려 있는 카펫과 온몸을 파고드는 푹신한 소파까지 모든 것은 완벽하고 가족과 함께 행복할 모습만 그려진다. 공간 구조를 본다 한들 벽지, 커튼, 침대, 가구, 거실의 소파와 대형 TV, 싱크대, 대형 냉장고, 조명 등, 보이는 것 전부를 나열해 봐도 이게 전부이다. 그 안에 구조로 사용되고 있는 벽이나, 인위적으로 세운 가벽은 어디에 설치된 건지 등은 알지 못한 채 겉모습 인테리어만 본 것이다. 집은 몇 억을 주고 사는데, 모델 하우스에서 내가 본 것은 집의 내면이 아닌 물건들이 더 많다. 하지만 그 물건들은 내가 가지고 있는 내 물건들은 아니다.

'선분양'이라는 시스템은 철저히 공급자 위주의 시스템이다. 모델하우스는 내부 공간에 사는 사람들에 대한 어떠한 내용도 없이 벽으로만 구획되어 있고, 외관이나 풍경은 어떻게 보이는지 전혀 알 수 없게 지어진 건물이다. 아파트의 평면은 가족의 단란한 일상생활을 염두에 두고 계획했으나 막상 대상으로 하는 것은 가상으로 구성된 표준화된 가족이다. 생각해보면 모델하우스로는 우리가 진짜로 사는 집 자체는 볼 수 없는 것이다. 때문에 부산, 광주, 서울 어딜 가든 평수와 동네만 다를 뿐 집의 구조는 비슷한 형태가 되었다. 정량적 가치인 ○○아파트 몇 동 몇 호, 그에 따른 평수가 우리가 사는 집의 가치를 결정하게 되었으며 이제 아파트는 집이라기보다 사고파는 상품이 되었다. 사람들은 자기가 살고 있던 아파트를 아무런 애착감이나 거리낌 없이 팔고, 또 다른 새로운 아파트를 찾아 구매한다.

아파트 공간 설명서

모델하우스에서는 완성된 공간을 현관에서부터 복도, 주방, 거실 그리고 보조 주방과 실외기실까지 모두 그대로 짓는다. 공간의 위치는 바뀌지 않기 때문에 전체적인 공간을 한눈에 볼 수 있다는 장점이 있다. 잡지나 인터넷으로 공사 사례를 보는 것과는 다르게 직접 내 눈으로 공간감을 느껴볼 수 있다.

우리가 생활하는 아파트는 크게 현관, 거실, 주방, 침실, 욕실, 발코니 6개의 공간으로 분류된다. 그중 거실에는 복도가 포함되어 있고, 침실은 드레스룸, 서재 등을 포함한다. 욕실에는 공용 욕실과 부부 욕실이 있고, 발코니에는 보조 주방, 실외기실, 대피공간이 포함된다. 아파트 구조는 크게 바꿀 수 없기에 각 공간들의 기본 역할을 알아두면 공간 구성에 도움이 될 수는 있다.

우선 현관은 신발장이 기본적으로 있으며 공간의 여유가 있는 경우 일부 펜트리(창고) 공간을 만드는 경우가 있다. 펜트리 공간은 부피가 큰 물건이나 스포츠 용품, 예를 들어 골프백이나 캠핑 장비, 자전거 등을 수납할 수 있는 공간이다. 작은 평형대의 경우 현관에 펜트리 공간을 만드는데 어려움이 있어 주차장에 세대 전용 창고를 설치하여 계절용품 등을 정리, 보관할 수 있게 하기도 한다.

현관을 지나면 복도와 거실이 있다. 거실은 가족 구성원들이 가장 많이 머무르는 곳으로 아파트의 중앙에 위치하며 면적도 가장 넓다. 일자형으로 배치된 판상형 구조의 경우는 복도를 사이에 두고 주방과 거실은 서로 대면하고 있고 타워형의 경우 복도 없이 바로 이어지는 경우가 많다. 거실과 이어지는 곳에는 보통 주방이 위치한다. 그러나 요즘은 거실과 주방 사이에 공간 기능의 경계가 사라지는 추세로 주방 인테리어에 공을 들이는 경우가 많아지고 있다.

침실은 프라이버시한 공간으로 부부와 두 자녀가 거주하는 가정을 예로 들면 보통은 가장 큰 안방에 부부가 생활하고 나머지 두 개의 침실에 자녀들이 거주한다. 그러나 요즘은 공간의 크기와 별개로 안방을 자녀들에게 주는 경우도 많다. 안방은 보통 평형의 크기에 따라 드레스룸과 서재가 포함되어 있는데 일반적으로 30평형대에서는 드레스룸만 제공된다. 드레스룸에는 파우더룸도 포함되는 경우도 많다. 그러나 안방을 자녀에게 준 경우 나머지 방은 침실 공간과 드레스룸으로 분리해서 사용된다. 모델하우스에서 보여준 방식으로 공간을 구성하는 것보다 자신의 라이프스타일에 맞게 그 쓰임새를 변형해서 쓰는 경우가 많아지고 있는 것이다.

욕실은 급수시설이 있는 곳으로 대개 공용 욕실에는 욕조가, 부부 욕실에는 샤워부스가 있는 경우가 많다. 그러나 욕조의 쓰임새가 줄어들어 욕조를 없애고 샤워실로 변경해서 쓰는 경우도 많아지고 있다. 요즘 아파트 평면도를 보면 욕실이 방마다 있는 형태로 점점 늘어나는 추세이다. 특히 중형 아파트에서 고급으로 갈수록 이런 경향이 높다.

끝으로 발코니는 보조 주방, 실외기실, 대피 공간 등이 포함된다. 보조 주방은 다용도실이라고 부르기도 하며 세탁기와 보일러실이 보통 있으나 에어콘 실외기실과 화재를 포함한 유사시 대피할 수 있도록 설계된 대피 공간도 포함된다. 요즘 아파트를 리모델링하며 비워져 있는 대피공간을 창고로 사용하기도 하나 이는 위험한 설계이다. 그 쓰임새를 안다면 반드시 비워두는 것이 좋다.

우리 집 그리기

'살고 있는 집' 그리기

'아파트는 정말 다 똑같을까?'

하얀 박스 모양의 아파트는 같아도 모든 집은 다 다르다.

크기와 모양과 구조는 똑같아도 살면서 그 공간을 꾸미고 가꾸며 각자의 집은 다 달라진다. 새 아파트라도 살면서 거주자의 특성과 취향을 반영되기 때문이다. 따라서 공간은 그곳에 살고 있는 사람의 생활 방식에 따라 달라진다. 즉, 아파트 내부의 풍경과 냄새, 분위기로 그곳에 들어서는 사람에게 각기 다른 느낌을 제공한다.

'지금 나는 어떤 집에 살고 있는가?' 살고 있는 집을 그리다 보면 집에 대한 힌트를 많이 얻게 된다. 즉, 내가 누구인지를 고스란히 알게 된다. 내가 사는 곳은 나의 과거와 현재 모습을 표현하는 공간이며 살고 싶은 집에 대해 꿈꾸는 공간이 되기도 한다. 공간을 의도해서 꾸미든 꾸미지 않든, 내가 수집한 물건은 그것을 가지게 된 상황을 떠올리게 하고, 어떤 생각으로 그 물건을 구입했는가에 따라 부정적인 물건은 없애려 하기도 하고, 애착과 사랑으로 구입한 물건은 최선의 모습으로 존재하도록 노력한다.

어쩌면 집 그리기는 한번에 끝나는 결과가 아닌 나를 돌아보는 끝없는 여행이 될 수 있다. 나의 내면을 디자인하는 과정이기 때문이다. 그저 물건이나 공간에 대한 소유를 향한 과정이 아니라 공간과 물건을 단서로 소소한 것에 행복을 느끼며 취향을 알아가는 과정이다. 아름다운 집, 예쁜 집은 껍데기에 불과하다.

살고 있는 집 그리기 작업은 내가 주도적으로 해야 하는 힘든 일이다. 살고 있는 집의 공간을 어떻게 꾸몄고 왜 그렇게 꾸몄는지 검토하며 그 공간이 누구를 위한, 무엇을 보여주기 위한 공간인지를 정확하게 파악하는 과정이다. 그리고 이를 통해 '살고 싶은 집' 그리기에 효과를 볼 수 있다. 살고 있는 집에 어떤 물건이 있고, 그 물건이 우리 집에 왜 어울리는지, 그 물건들로 공간의 분위기는 왜 더 좋아졌는지에 대해 생각해 볼 수 있는 기회이기도 하다. 그러므로 '살고 있는 집' 그리기는 정말 중요하다.

'살고 싶은 집' 그리기

대부분 집 그리기를 상당히 부담스러워 한다. 사실 아파트 도면은 네이버 지도 검색을 통해서 빠르게 알 수 있다. 그러나 내가 사는 공간을 실측하여 그리는 것은 공간의 크기를 느껴보는 것으로, 아파트 구조를 그리는 디테일한 작업이라기보다 공간의 형태를 그려가는 것이다. 어느 공간의 '치수를 안다는 것'은 재미있는 일이다. 단순히 크기를 안다는 것 이상의 의미가 있기 때문이다. 공간의 치수를 알고 그 안에 TV, 식탁 등 원하는 공간의 가구 배치 구성까지도 모두 하는 작업을 통해 공간에 물건을 두었을 때 얼마나 아름다운지를 알 수 있다. 따라서 물건이 실용적으로 쓰이면서 안정적이고 아름다워 보이려면 공간 사이즈를 알아야 한다.

집 그리기를 하다 보면 두 가지 이점이 생기는데, 첫째, 실제 그려보는 사이 '괜찮을까 아닐까' 하는 고민이 확신으로 바뀐다는 점이다. 둘째, '이렇게 바꾸면 이런 점이 좋겠다. 저렇게 바꾸면 저런 점이 좋겠다' 하는 세밀한 아이디어들이 떠오르며 공간 안 가구 배치가 구체화된다는 것이다. 공간의 형태를 그릴 때 어디에 벽이 있고 얼마나 튀어나와 있는지, 방문이 있다면 어떻게 열리

고, 창문은 있다면 어디에 어떤 높이로 어떻게 열리는지 자세히 그려보는 것이 좋다. 그리고 가지고 있는 가구 사이즈를 모두 알고 있을 때 다양한 배치를 계획할 수 있다.

√ 우리 집 아파트 도면 찾기

공간을 그리는 것은 사실 걱정할 필요가 없다. 수첩이나 노트에 집 구조를 대충 그리고 공간별로 치수를 기입하면 충분하다. 네이버의 부동산에 나오는 아파트 평면도처럼, 아니 그보다 더 단순하게 그려도 괜찮다. 중요한 건 내 집 구조를 한번쯤 그려보고 공간의 크기를 아는 것이다.

◖◖ 네이버 부동산 > 아파트 검색 ⋯▸ https://land.naver.com/

◖◖ (이게 가장 확실!) 관리사무소에 가면 실거주인 경우 살고 있는 집 또는 살고자 하는 집의 도면을 볼 수 있다.

집으로부터 시작하는
휴먼 스케일

휴먼 스케일이 뭔 말?

휴먼 스케일이란 무엇을 말하는 걸까?

휴먼 스케일이란 인간의 평균 체격을 기준으로 한 척도를 의미한다. 휴먼 스케일의 기준은 키 183cm로 건축, 가구. 인테리어 등에 모두 적용된다. 한마디로 한 사람의 신체동작 범위를 수치화 한 것으로 아무렇게나 걸터앉을 수 있는 마루높이, 손아귀에 알맞게 들어맞는 손잡이 높이 등 인간의 평균 크기를 기준으로 편하게 사용할 수 있도록 만들어진 것이다. 따라서 모든 사물과 주거 공간 설계 기준은 인체치수에 따라 결정된다. 휴먼 스케일을 기준으로 해야 편리하고 공간의 낭비를 최소화 할 수 있기 때문에 매우 중요하다.

현재 일반적으로 사용하는 단위는 미터법이며, 우리가 사용하는 공간 사이즈나 면적의 표기도 기본적으로 모두 미터법이다. 예전에 쓰던 척관법(자와 치로 구성되는 척도법)은 이제 일상생활에서 많이 사라졌으나 지금도 '척'과 '평'은 여전히 많이 쓰이는 단위이다. 척의 기원에 대해서는 많은 이야기가 있으나 한 자는 엄지 끝에서 중지 끝까지의 길이를 기본으로 그 길이는 30.303cm이며 이 역시 인간의 몸으로부터 시작된 '휴먼 스케일'을 활용한 것이다. 미국에서 여전히 쓰고 있는 피트-인치 역시 사람의 발 크기를 기원으로 하고 있으며 1피트는 30.48cm로 신체를 이용한 척관법과 유사하다.

내 인체 사이즈의 기본은 신발을 신었을 때의 발 사이즈와 손의 폭과 길이를 알고 있는 것이며, 섰을 때 키, 어깨 사이즈, 양팔을 벌렸을 때의 길이, 허리 높이를 아는 것이다. 내 몸을 기준으로 공간과 물건의 폭과 길이를 가늠하는 감이 생기면 효율적인 공간 배치가 가능해지며 공간 활용 방식도 더 다채로워진다. 내가 사는 집의 크기를 잘 모를 때. 나에게 가장 적합한 방문 사이즈나 주방 가구의 높이, 욕실 샤워 수전의 높이 등을 알고 있다면 그들을 사용하는데 불편함이 감소할 것이다. 따라서 인체 사이즈를 활용한다면 공간 낭비를 최소화 할 수 있는 것이다.

치수 재기 (줄자, 카메라)

누구에게나 자신만의 연장이 있다. 학생에게는 책가방, 군인에게는 총, 이삿짐 아저씨한테는 청테이프이다. 일반인들에게는 낯설지만 본인의 취향과 감성이 반영된 집을 갖고 싶다면, 자신의 집을 실측할 필요가 있다. 집은 가장 쉽게 그릴 수 있는 대상이지만 정확한 그림을 그리기 위해 우리는 두 가지의 연장을 챙겨야 한다. 바로 줄자와, 카메라이다.

'실측'은 '실제 측량'의 줄임말로 공사 현장의 정보(높이, 면적 등과 같은)를 측량한다는 현장 용어이다. 즉, 공간의 현재 상태를 지면에 나타내는 것을 의미한다. 실측은 '계획을 위한 실측'과 제품 발주를 위해 정확한 치수로 제작하기 위한 '상품 발주 실측' 두 가지가 있다. 정확성을 높이기 위해 같은 곳이라 하더라도 여러 번 실측을 해야 한다. 기본도면 즉, 네이버 도면을 출력해서 보면 창과 문의 위치가 나와 있지만 변경 소지가 있으므로 정확한 출입구와 창 등의 개구부 위치를 그려야 한다.

실측을 하기위한 연장으로 무엇이 있을까? 앞서 이야기한 줄자이다. 줄자를 구입할 때는 5미터 이상을 구매하며 폭이 넓은 것을 이용하는 것이 좋다. 가격이 저렴하고 사용과 휴대가 용이하지만, 사용자의 능숙도에 따른 오차가 발생한다. 줄자를 잡아줄 보조 인력도 있으면 조금 더 쉽게 실측이 가능하다. 그리드 용지와 필기도구를 이용하여 그리면 좀 더 쉽게 형태를 그릴 수 있다. 줄자로 치수를 재보기 전 대략적인 공간의 형태를 그리드 노트에 그리고 부분과 전체 치수를 고려하여 여러 번 실측을 하는 것이 중요하다. 오차가 너무 크면 1차와 2차 치수를 색으로 구분해 비교하는 하는 것도 하나의 방법이다.

두 번째는 카메라(스마트폰)이다. 요즘은 스마트폰으로 조금 더 효율적으로 사진을 찍을 수 있다. 창문의 높이나 상태를 일일이 메모할 수 없기에 사진을 찍어두면 집의 상황을 이해하는데 도움이 된다. 사진은 무작위로 저장 하는 것보다 기준을 정해 폴더별로 정리하는 것이 중요하다.

√ 사진 찍는 방법

- 우리 집 전체 사진을 먼저 찍는다. 현관, 거실, 주방, 화장실, 베란다, 방 순으로 아래와 같이 폴더별로 만들어 전체를 각도별로 사진을 찍는다.

- ☐   현관 ⋯ **거실에서 바라본 모습, 현관에서 중문을 바라본 모습**

- ☐   거실 ⋯ **베란다 쪽 창문을 바라본 모습, 베란다에서 거실을 바라본 모습**

- ☐   주방 ⋯ **싱크대 상부와 하부 모두를 바라본 모습, 식탁을 바라본 모습,
              싱크대 창을 바라본 모습, 다용도실을 바라본 모습**

- ☐   화장실 ⋯ **전체 위생도기가 다 보이는 모습**

- ☐   베란다 & 다용도실 ⋯ **긴 베란다 양쪽 모두, 방에서 바라본 모습**

- ☐   각 방 ⋯ **창을 바라본 모습, 문을 바라본 모습**

- 각 공간별로 중요한 상세 목록을 작성하고 부분 사진들을 찍어둔다.

- ☐   현관 ⋯ **중문, 신발장, 바닥, 천정 조명**

- ☐   거실 ⋯ **거실의 양쪽 벽면, 전체 몰딩, TV 콘센트, 인터폰, 보일러 조절기,
              스위치, 천장 조명, 에어콘 위치 등**

□ 주방 ⋯ **하부장 배수관 위치, 가스배관, 콘센트, 스위치**

□ 화장실 ⋯ **위생기기, 천장 조명 및 설비, 샤워기와 욕조, 콘센트 위치, 바닥, 벽 ,배수구**

□ 베란다 & 다용도실 ⋯ **창, 문, 우수관 위치, 붙박이장 위치, 세탁기 배수관 위치**

□ 각 방 ⋯ **붙박이장. 콘센트, 스위치 위치, 창과 문, 천장 조명**

그리는 순서

- 공간의 큰 틀을 그리고 창문이나 문(도어)을 표시한다. 창과 문은 실측은 하지 않고 위치만 표시해 둔다. 창문이나 문에는 1,2,3 또는 A,B,C 등으로 번호를 기입한다.

- 다른 종이에 창과 문을 따로 그리고 창문의 경우는 바닥에서 얼마나 떨어져 있고 창문의 세로(높이)와 가로 치수선을 그려본다.

- 치수는 공간을 그린 색과는 다른 색을 사용하며 부분치수와 전체치수 나누어 기입을 한다. (치수를 기입 할 때는 cm 또는 mm 단위로 기재를 한다.)

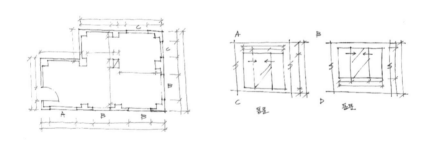

기본 도면을 다 그렸다면 이제 실측을 시작한다. 실측을 할 때는 입구를 기준으로 왼쪽 또는 오른쪽으로 한 방향으로 진행한다. 기준점을 잡고 실측을 해야 오차 범위를 줄일 수 있다. 처음 실측을 할 때는 벽체를 중심으로 가로 방향으로 실측 후 세로방향을 실측한다.

도면을 다 그렸다면 여러 장 복사해서 틈틈이 생각나는 대로 원하는 주방과 가구, 가전 배치를 도면에 그려본다. 싱크대 형태나 식탁 위치, 침대나 소파, 책상, 화장대의 위치, TV와 오디오 위치 등 무엇이든 좋다. 이렇게 하다 보면 어느 순간 마음에 드는 도면이 몇 장 나오고 그중 가장 마음에 드는 한 장을 고르면 된다. 집 도면을 그려 놓으면 여러 모로 편리하다. 생각과 취향이 고스란히 도면에 반영되어 있으니 누구와든 원활한 이야기가 가능하다.

아파트 도면
쉽게 보는 법

일본 아파트 vs 한국 아파트

거실을 포함한 방의 개수를 우리는 '베이'라고 명칭한다. 2베이, 3베이, 4베이가 가장 많이 설치되고 있다. 2베이는 전면에 위치한 베란다를 기준으로 (거실+방)이 위치하고 3베이는 아파트의 가장 대표적인 구조로 베란다를 기준으로 (방+거실+방)이 위치해 있는 형태이며 4베이는 베란다를 기준으로 (방+방+거실+방)으로 가장 많이 선호하는 구조이다. 베이가 많아질수록 채광 이야기가 많아지는데 이는 베이라는 용어가 '넓고 밝은 집'을 좋아하는 한국 아파트 구조에 따라 생긴 용어이기 때문이다.

그럼 과연 베이가 많다고 좋은 것일까? 직선형 개방 구조는 충분한 자연광과 바깥 풍경을 가져올 수 있는 구조이지만 이런 구조로는 한정된 땅에 많은 수의 아파트를 공급 할 수 없기에 한국에서는 사실상 베이가 무한정 늘어나기는 어렵다.

그럼 일본은 어떨까? '넓고 밝은 집' 즉, 베이가 많은 직사각형의 구조를 선호하지 않는 걸까? 한국 아파트의 특징이자 최대 장점 '넓고 밝은 집'은 사실 자연광과 바깥 풍경을 고려한 고층화라는 대가를 치르고 얻은 것이다. 일본 아파트가 '넓고 밝은 집'을 갖지 못한 것은 긴 전면 폭을 얻기 위해 고층화라는 대가를 치르려 하지 않았기 때문이다. 전면 폭을 늘리려는 힘보다 주변 환경과 자신의 취향을 지키려는 힘이 더 크게 작용한 것이다.

'넓고 밝은 집'의 불편한 진실

시중 서점에는 일본의 주택이나 아파트 관련된 내용을 번역해서 나온 책들이 많다. 그러나 읽다보면 어딘가 모르게 내가 적용할 수 없는 내용이나 정보들이 많다. 가장 큰 위화감은 한국 아파트의 평면과 일본 아파트 평면에 차이가 있다는 점에서 온다. 일본 아파트 평면은 전면 폭이 좁고 길고 발코니도 별로 크지 않다. 이에 비해 한국 아파트 평면은 전면 폭이 일본 아파트의 두 배를 넘고 발코니 면적도 매우 크다.

대부분 일본 아파트 평면은 전면 폭이 좁고 길기로 유명하다. 전면 폭이 좁다 보니 발코니 면적이 좁은 것은 물론이고 집 안에 길게 복도가 생기는 것이 불가피하다. 부엌이나 세탁실 등 서비스 공간은 한군데 있으며 창문 없는 공간으로 구획되기 마련이다. 당연히 집 안이 어두울 수밖에 없다. 유럽이나 미국 아파트는 일본 아파트보다 사정이 낫지만 전면 폭이 한국 아파트보다 좁고 창문이 작아 집 안이 어둡기는 마찬가지이다.

한국 아파트가 넓고 밝아 보이는 이유는 여기에 있다. 전면 폭이 길고 깊이가 얕아서 집 안 전체가 햇빛을 받아 밝기 때문이다. 게다가 전면과 후면에 발코니가 설치되어 있어서 확장 시 실제 사용 공간이 더 많이 늘어나게 된다.

변형이 가능한 아파트의 구조

우리나라 아파트 대부분은 벽식 구조로 철거할 수 없는 구조 벽이 많고 향후 다른 용도로 변형하기가 쉽지 않다. 벽식 구조는 처음 지을 때는 기둥이 없기 때문에 공간을 효율적으로 사용하는 것처럼 보이지만 오랜 시간을 두고 보면 공간을 다른 용도로 쓰려고 할 때 벽 철거와 변형이 어렵다는 단점이 있다. 30년 전 지어진 아파트의 부엌에는 양문형 냉장고와 큰 가스레인지를 넣기 쉽지 않다. 가전제품은 커지고 옷은 많아지는데 대부분 벽식 구조인 우리나라 아파트는 작은 방으로 나누어진 공간의 변형이 쉽지 않다.

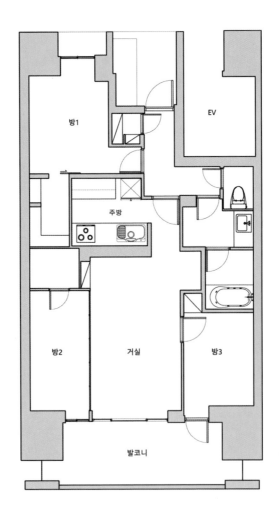

일본의 도면

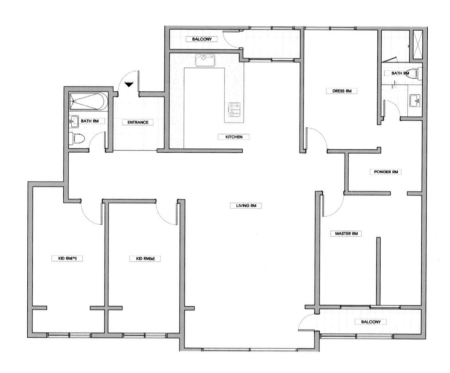

4베이 한국 도면

요즘의 한국 아파트는 새로운 구조, 즉 라이프스타일 맞춤으로 다양한 성향에 따라 변경할 수 있는 레이아웃 구조로 바뀌고 있다. 안방, 주방, 화장실 등의 최소한의 내력벽 구조만 남겨둔 채 공간을 트거나 나눌 수 있도록 하는 적극적인 가변형 구조로 설계되고 있는 것이다. 덕분에 방과 방 사이는 물론, 거실과 방 사이의 벽체도 허무는 것이 가능하며, 원하는 대로 구조를 변경이 가능해졌다.

서양 아파트의 경우 기둥식 구조로 지어져 있어 다양한 라이프스타일이 반영된 생활공간을 유도 할 수 있다는 점이 한국 아파트와의 큰 차이점이다. 개인의 취향을 반영해 북카페 같은 집이나, 확 트인 펜트하우스 같은 집도 구성할 수 있는 이유이다.

네이버 도면에 숨은 문자 & 그림

네이버 도면을 보다보면 ×자로 표시되어 있는 부분이 있다. 대부분 발코니 또는 화장실 옆쪽에 이러한 표시가 있는데 이것은 '덕트'라며 수도관을 의미한다. 위층에서 아래층으로 관통해서 지나는 파이프로 하수관이 통과하는 공간이라고 생각하면 된다. 이 표시를 알아서 뭐하냐는 생각이 들 수 있는데, 가끔 이 부분을 철거했으면 하는 분도 있다. 그러나 이 ×자로 표시된 부분은 건들지 않는 것이 좋다. 나중에 문제 발생률이 높기 때문이다.

네이버 도면으로 알 수 없는 부분은 발코니 날개벽에 대한 철거 가능 여부 등이다. 발코니 확장을 위해 불필요한 벽은 철거하고 변경하여 쾌적하고 넓은 공간을 만들고자 하는데, 벽이 어떤 구조로 되어 있는지 아무런 정보가 없기 때문이다. 관리실을 방문하면 집 도면을 볼 수 있지만 소유주의 동의가 있어야 확인할 수 있다. 아파트 현황도는 시 / 구 / 청 또는 주민센터에서 발급 가능하며 세움터라는 사이트에서도 발급 가능하다.

발급 받은 도면의 두꺼운 벽은 내력벽(건들면 안 되는 벽)으로 왼쪽 사진과 같은 철근 콘크리트벽이다. 오른쪽 사진은 얇은 벽으로 조적(벽돌)으로 쌓여 있으며 비내력벽으로 일명 '가벽'이라고 하며 허물어도 상관이 없는 벽을 의미한다. 따라서 건물의 하중을 받는 부분이 아니기에 철거가 가능하다.

발코니 측면에는 작은 공간이 있다. 면적은 아주 작고 문은 있으나 아무런 실명이 쓰여 있지 않다. 무엇을 의미하는 것일까? 이곳은 실외기실이거나 대피공간일 가능성이 크다. 대피공간은 화재 시 1시간가량 버틸 수 있는 공간으로 창문이 있는 벽쪽으로 완강기가 달려있다. 리모델링 시 창고로 사용하는 사람들이 많지만 물건을 적재하지 말아야 하며 비워둔 채 비상용 생수, 수건 등의 재난대비용품을 비치해야 하는 공간이다.

실외기실은 2가지로 나누어 볼 수 있다. 실외기실을 만들어 갤러리 창을 달아 실외기를 설치하는 경우와 실외기를 밖에 놓기 위해 외부공간을 만드는 경우이다. 요즘 지어지는 아파트의 경우는 대부분 실외기실이 있으며 조금 오래 지어진 아파트의 경우 발코니 밖으로 실외기를 설치하게 되어 있다. 실외기실과 대피공간의 경우 문은 모두 철문으로 되어 있다.

이제 '평' 못 씁니다. 그러나...

일반적으로 사용되는 건 미터법이지만 일상생활에서 흔히 사용하는 단위는 '평'이다. 하지만 단위환산법이 개정이 되면서 '평'이 아닌 '㎡'를 사용해야 올바른 표현법이다.

평이라는 단위를 사용하지 못하도록 하고 있지만 아직도 현실에서는 '우리 집 몇 제곱미터야'라고 하는 것 보다 '우리 집 몇 평이야'가 더 친숙하다.

> 1평 = 3.3057㎡
>
> 1㎡ = 0.3025평

1평의 가로세로 사이즈는 어떻게 될까?

1평이라는 단위가 나오게 된 것은 한 사람이 팔과 다리를 편 채로 누울 수 있는 면적을 말하면서 시작된 단위이다. 즉 한 사람이 다른 사람과 부딪히지 않고 편히 누울 수 있는 면적을 뜻한다. 따라서 가로 약180cm × 세로 약 180cm로 1.8m × 1.8m = 3.3057 ㎡이 된다.

1평을 간단히 계산하려면 곱하기 0.3025 또는 나누기 3.3057를 하면 된다.
예를 들어 가로 10m 세로 8m 공간인 경우 10m × 8m = 80㎡ 이 된다.

80㎡ / 3.3058㎡ = 24.17평 또는 80㎡ × 0.3025 평 = 24.4평이 된다.

알면 득!
아파트의 중요한 요소들

　멋진 가구나 소품을 가져다 놓아도 값비싼 수입 페인트를 발라도 달라질 수 없는 것이 있다. 바로 아파트의 기본 바탕은 바뀌지 않는다는 것이다. 이야기하고자 하는 창, 문, 몰딩은 아파트에서 필수적으로 존재하는 것이다. 아파트 인테리어 요소 중 가장 큰 부분으로 이들이 크게 바뀐다면 자칫 큰 공사가 되기 쉽다. 따라서 아파트 리모델링 전 기존에 사용된 창, 문, 몰딩의 요소들을 살펴보고 그대로 사용 가능할지 여부를 파악해야 한다.

생활에 표정을 만드는 '창'

　우리는 창을 통해 빛을 바라보고 바깥을 살피게 된다. 창 너머로 타인의 사적인 삶이 눈에 보일 때면 사실 시선을 돌리기란 힘들다. 특히 저녁이 되어 여기저기에 불이 켜지면 동과 동 사이가 가까이 있는 아파트의 경우 창을 통해 타인의 삶이 영화의 한 장면처럼 보이기도 한다. 그곳에는 조용히 앉아 식사를 하는 부부, 서로 다투는 사람들, 가족들이 모여 TV를 보는 사람들, 화장을 하는 사람 등이 보인다. 각각의 집에 설치된 창은 삶을 담은 하나의 액자처럼 보이고, 마치 창 자체가 하나의 화면이 되기도 한다.

　창은 그 나름대로 인테리어의 기본적인 구성요소이다. 모든 아파트에는 내가 원하든 원하지 않든 정해진 위치에 창이 있으며 하나같이 액자의 형태를 띤다. 아파트가 모두 똑같은 형태처럼 보이는 것도 이 정해진 위치에 놓인 창의 역할이 크다. 창은 사실 바깥을 쳐다보기 위해서가 아닌 바깥의 빛과 공기를 안으로 들이기 위한 용도이다. 창의 기본 기능을 봐도 조망(전망을 감상), 자연

채광(실내의 밝기와 에너지를 조절), 환기(실내의 오염된 공기를 방출하고 신선한 공기를 유입), 개폐(필요에 따라 개방을 조정하는 기능)를 꼽는다. 초기의 작은 창이 자연채광과 환기를 위해 그 크기가 점점 커지는 방향으로 가다 큰 판유리의 등장으로 채광뿐만 아니라 조망에서도 훌륭한 기능을 가지게 되었다. 창을 통해 실내에서 실외의 풍경을 바라볼 수 있게 되자 창문은 거의 액자와 같은 역할을 하게 됐다. 창문을 통해 보이는 실외의 풍경을 실내의 장식적 요소로 사용하기 시작한 것이다. 커다란 유리창을 통해 한강을 내려다볼 수 있다는 매력으로 한껏 몸값을 올린 아파트의 가격을 생각한다면, 이 새로운 기능과 역할의 가치를 조금은 짐작할 수 있다.

기술이 발전하면서 유리는 더 얇아지고 커졌으며 품질도 좋아진 덕분에 창의 형태도 변해갔다. 네덜란드, 영국, 미국 등에서는 내리닫이창이 많이 쓰이고 나머지 유럽과 그 외의 지역에서는 여닫이창이 일반적이다. 두 유형의 창은 서로 다른 의미를 지닌다. 여닫이창은 문처럼 안으로 끌어당기거나 밀어젖히는 형태로, 외부의 것이 안으로 들어오게 하는 동시에 바깥을 향해 집을 극적인 방식으로 열어젖힌다. 이보다 훨씬 더 소심한 형태인 내리닫이창은 오직 윗부분만 열리기 때문에 부드러운 바람이 머리 높이로 들어오긴 하지만 결코 완전하게 열어젖힐 수는 없다. 아파트 창은 기본적으로 미닫이창으로 여닫이창과 내리닫이창의 장점을 모두 갖추고 있다. 오늘날 창의 성능은 열, 공기의 흐름, 물, 소음을 차단하는 것인데 유리는 창에 있어 이 4가지 요소를 차단하는데 중요한 부분을 차지한다.

아파트에서 사용하는 창은 일반창(단창), 이중창, 시스템창으로 나누어서 설명할 수 있다.

일반창(단창)은 하나의 창으로 단열과 방음은 비교적 약한 편으로 외부와 직접적으로 맞닿지 않는 창으로 사용되어 비확장 발코니 내 / 외부에 사용된다. 이중창은 두 개로 이루어진 창으로 단열과 방음에 뛰어나지만 창이 두 개로 이루어져있기 때문에 단창보다는 두께가 두껍다. 외부와 직접적으로 맞닿는 창으로 사용되어 확장 발코니에는 이중창을 사용한다.

보통 시스템창과 이중창을 오해하는 경우가 많다. 시스템창은 밀폐를 만드는 구조 시스템이 더 강화되어 있으며 유리 또한 삼중유리로 되어 있다. 시스템창은 하드웨어를 통해 TILT, TURN, CASEMENT, AWNING, SLIDING 등 다양한 열림 기능을 용도에 맞게 선택할 수 있다. 보통 이런 기능은 손잡이를 어떻게 조작하느냐에 따라 작동된다.

아파트 창틀에는 알루미늄(AL) 창은 거의 사용하지 않으며 하이샷시(PVC) 창으로 플라스틱 재질의 창을 많이 사용한다. 단열이 우수하며, 냉난방비 절감으로 주거용 창에 가장 많이 쓰는 대중 소재이다.

○○향, 나만의 '빛'

우리 집은 어떤 방향에 어떤 창이 있을까? 그리고 창이 있는 공간은 어떤 용도로 사용되고 있을까. 어른들로부터 집은 남향이어야 밝고 좋다는 이야기를 많이 듣지만 모두 남향에서 사는 것도 아니다. 그러나 좋은 집은 곧 '남향'을 포함한다. 사실 주거에는 다양한 방위의 창들이 있다. 그러니 창의 방향에 따라 어떤 빛이 들어오고 우리는 그 빛을 어떻게 사용하고 있는지 생각해볼 필요가 있다. 모두가 집을 동일한 용도와 시간과 패턴으로 사용하는 것이 아닌 것처럼, 빛에 의해 각자 어울리는 공간을 만들어 가는 것도 중요하기 때문이다.

❝ 남쪽창 & 북쪽창

아파트는 거실을 기준으로 한 평면을 사용하기에 남향의 기준은 거실의 창이 남쪽을 향해있느냐로 결정된다. 해는 동쪽에서 떠서 서쪽으로 지지만 남쪽으로 기울어져 넘어가기 때문에 남쪽에 창이 있는 경우 하루 종일 직사광이 들

어오는 특징이 있다. 따라서 가장 많은 빛이 들어오는 이 공간이 가장 밝고 화사하며 활동적인 공간이 된다. 우리는 직사광을 컨트롤하기 위해 커튼, 블라인드 등을 사용하며 직사광으로 인한 눈부심을 방지하기도 한다. 하지만 남쪽을 향해있는 집을 얻었다고 모든 것이 좋은 것은 아니다. 강한 빛이 들어오는 방향이기에 눈부심이 있고, 여름에는 실내 온도가 과도하게 올라가는 원인이 되기도 하고, 밝기, 온도, 습도 등 하루의 환경 변화가 큰 공간이기도 하다. 과도하게 밝은 조도는 깊숙한 실내와 심한 대비를 만들어 오히려 실내 안쪽을 어둡게 보이게 하여 낮부터 실내조명을 사용하게 만들기도 한다. 장시간의 직사광으로 인해 가구들의 변형이나 색, 바닥 마루의 색이 변질될 수도 있다.

그럼에도 불구하고 남향을 선호하는 이유는 무엇일까? 단지 조상들이 예로부터 남향을 선호해 왔다는 이유로 현대에는 아무런 필터 없이 받아들인 것일까? 그러나 생각해보면 남향을 좋아한 우리 조상들도 처마라는 것을 이용하여 직사광이 집 안으로 들어오는 것을 최소화하였으며 마당은 밝은 바닥상태를 유지함으로써 반사된 빛이 집안 깊숙이 들어올 수 있도록 하였다. 그러니 빛을 '어떻게' 실내로 들일 것인지가 집의 방향 못지않게 중요하다.

북쪽창은 직사광은 들어오지 않지만 부드럽고 은은한 빛이 하루종일 유지된다. 이는 기온과 환경도 큰 변화 없이 유지되는 환경이라 볼 수 있다. 상온 보관 식료품, 다양한 짐 등을 넣는 창고가 북쪽에 있는 것은 그곳이 빛이 잘 들지 않아서라기보다는 하루의 온도 변화가 크지 않는 곳이기 때문이다. 하루 동안 들어오는 빛의 편차가 가장 적은 곳이라 옛날에는 미술작업을 하던 예술가들이 북쪽창을 선호했다고 한다. 그림의 음영과 색을 가장 일정하게 유지할 수 있어 가장 좋은 작업 환경을 만들어 주었기 때문이다. 덕분에 북쪽창을 '예술가의 창'으로 부르기도 했다. 현재의 예술가들도 북쪽창을 선호할까? 예술가들이라 하면 정해진 시간(낮 시간)에 일하는 직장인이 아닌 시간의 제약이 없는 사람이 대부분이다. 그러다보니 밤 작업을 하고 늦은 오전까지 잠을 자는 사람들도 있다. 이들의 라이프스타일을 보면 낮의 밝은 빛을 피하기 위해 암막커튼을 치고 밤에는 오히려 차분한 조명 아래 작업을 시작한다. 오히려 이들은 직사광이 강한 남쪽창보다는 서쪽창 또는 북쪽창이 더 좋을 수 있다. 따라서 빛에 대해 각자의 라이프스타일을 고려하여 생활하는 것이 중요하다.

서쪽창 & 동쪽창

서쪽의 창은 해가 지는 시점에 가장 많은 빛이 들어온다. 무엇보다 서쪽창의 큰 특징은 색온도가 낮은 노란빛 혹은 붉은빛이 들어온다는 것이다. 서쪽창은 그런 의미로 로맨틱하거나 감성적인 빛이 풍부하게 들어오는 창이라 할 수 있다. 늦은 오후 머물러야 하는 공간이 있다면 이곳이다. 안 읽던 책이 읽어지고, 안 마시고 싶던 와인이 더없이 생각나는 곳이 될 것이다.

동쪽으로 난 창은 아침시간 직사광을 실내로 들이는 역할을 한다. 동쪽창이 있는 아침 공간은 우리에게 활력을 불어넣을 수 있다. 동쪽창에 식탁을 두면 햇살을 머금으며 아침식사를 할 수 있고, 동쪽창에 침대가 있다면 눈부신 햇살에 저절로 눈이 떠질 것이다. 그러나 우리의 아파트 구조상 동쪽창에 다이닝룸을 설치하기는 매우 어렵다. 남향을 중시해 거실을 남쪽으로 배치하고, 반대쪽인 북쪽으로 주방을 배치해 자연광과는 거리가 먼 주거 평면으로 주방의 정 중앙에 식탁이 오게 되는 경우가 가장 흔하기 때문이다.

각각의 창이 가진 빛의 특성을 제대로 이해하고 우리의 삶과 만나면 공간에 풍요로움과 따뜻함을 부여한다. 또 편안한 주거 환경을 만들기도 한다. 반면 빛을 잘못 활용하면 눈부심을 준다거나 심하게는 사람을 우울하게 만들 수도 있다. 빛이 들어오는 창은 이 4 방향에만 머물지는 않는다. 창의 높이, 넓이, 창 밖의 풍경, 빛을 다루는 커튼과 블라인드 등 다양한 요소들이 함께 작용하며 이들로 우리는 다양한 경험을 하게 된다. 무엇보다 창을 통해 들어오는 빛을 잘 살펴볼 필요가 있다.

단단한 벽을 통과하게 해주는 마술 같은 문이야말로 한 영역에서 다른 영역으로 전환을 나타내는 표식이 된다. 문은 잘 맞춰서 설치해야하는 장치로 문을 여는 방식을 아무렇게나 결정하는 일은 결코 없다. 문을 다는 방식은 새로운 장소에 대한 첫인상을 결정하기 때문이다. 문을 밀거나 당겨서 여는 것과 문 너머의 공간을 드러내는 방식은 공간 사이를 오가면서 나타나는 우리의 예절과도 중요한 관련이 있다. 예를 들어 문이 집 안으로 열리도록 되어 있는 현관문의 경우 환영의 의미를 지니고 있다. 아파트 현관문 또한 집밖으로 열리는 문으로 동일한 의미를 가지고 있다.

유럽의 아파트에서 방문은 가급적 방 벽의 중앙에 위치하는데 이 경우 안에서는 벽이 대칭적으로 보이고 방 안의 가구도 비교적 고르게 배열할 수 있다. 대칭성과 미관을 추구한 결과물이다. 때로는 방들의 출입구를 쌍여닫이문으로 만들어 서로를 향해 열리도록 하여 모든 문을 열면 방들이 하나로 관통하는 풍경이 연출되기도 한다. 그러나 한국 아파트의 경우 문을 벽의 한쪽 끝에 위치하여 벽 모퉁이에서 열리는 방식으로 배치해 가구를 놓거나 액자를 걸어놓을 때 더 많은 벽을 확보할 수 있도록 되어 있다.

문의 형태는 적은 힘으로 여닫을 수 있는 고전적 형태의 여닫이 문(기본적인 형태의 문), 미닫이 문 뿐만 아니라 접이문(폴딩도어), 갤러리 도어 등 다양하다. 하지만 문의 종류는 기본적으로 ABS도어와 목도어(멤브레인 도어)로 크게 둘로 나누어 설명할 수 있다. 기존 도어의 상태에 따라 도어 리폼 여부가 확정될테고, 보통은 도장이나 필름으로 색상을 바꾸기도 하지만, 기본적인 문 종류는 이 두 가지로 이야기 할 수 있다.

첫 번째는 ABS도어로 리모델링 시장에서 80% 이상 사용되고 있으며 ABS 시트 위에 PVC시트를 랩핑한 도어이다. 습기에 강하고, 시트가 벗겨지지 않는 것이 특징이다. 두 번째는 목도어(멤브레인 도어)로 문 겉면의 판재를 MDF로 만들

고 그 표면에 인테리어 필름을 부착한 형태의 문이다. 습기와 열에 취약하여 부식이나 뒤틀림이 잘 발생해 욕실문이나 주방가구 문에는 잘 사용하지 않는다.

'문턱' 새로운 바닥재와 인사.

방문 하단에는 문턱이 있다. '문턱을 넘다'는 것은 새로운 공간이 열리거나 이전에 없던 새로운 상황을 맞는다는 의미다. 거실에서 방으로, 방에서 거실로, 집 안에서 집 밖으로, 집 밖에서 집 안으로 장소를 옮길 때 누구든 문턱을 넘으면 새로운 장소가 시작된다. 여기는 욕실, 저기는 안방, 문턱을 사이에 두고 각 방의 용도와 목적 그리고 사용자가 달라지며 문턱을 넘어 처음으로 밟게 되는 바닥 마감 또한 서로 다르게 구성되어 있다. 문턱은 물리적, 심리적으로 장소와 장소를 구분하는 경계이다. 하지만 최근에 생활이 서구화되면서 자연스럽게 문턱은 사라지는 추세이다.

문손잡이의 미학

문에는 가운데 부분에 둥근 모양의 손잡이가 있다. 손잡이를 잡고 돌리는 행위의 연속을 통해 우리는 점점 더 집 안 깊숙이 들어간다. 유럽에서는 원형손잡이와 그 이후에 등장한 막대손잡이가 널리 퍼졌다. 초기 형태는 목재 원형손잡이로 단단한 나무토막을 둥글게 깎아 만드는데, 만드는 방식에서 이미 사용하는 방식(비틀어 돌리면서 문을 연다)이 드러나 있다. 원형손잡이를 쥘 때의 특정 손동작으로 인해 우리는 어쩔 수 없이 그 재질과 친밀한 관계를 형성한다. 목재 원형손잡이를 손으로 잡을 때 모든 사용자는 자신만의 흔적(땀, 기름, 때 등)을 그곳에 남기며, 낡은 손잡이는 수천 번의 손길을 거침으로써 어두운 색의 광택이 날 정도로 반질반질해진다.

원형손잡이는 서서히 금속으로 바뀌었다. 최초로 나온 원형손잡이는 문에 상자형 자물쇠가 있고 그 위에 원형손잡이를 달았는데, 자물쇠에도 손잡이만큼이나 정교한 장식을 새겼다. 현재 쓰는 용어로는 아래 하단에 열쇠를 통해

문을 잠글 수 있는 모티스 레버형으로 현재의 잠금 장치는 조심스럽게 문짝 안으로 들어가고 손잡이만 밖으로 노출되어 있다.

66 아치형의 문 & 게이트

아치는 두 개의 기둥을 떨어뜨려 세워놓고, 그 위에 쐐기 모양의 돌을 곡선형으로 쌓아놓은 형태의 구조물을 말한다. 아치의 이런 구조에 주목한 건축가들은 오래전부터 아치 구조물을 활용해 건축물의 출입문과 창, 심지어는 사람과 마차가 지나다니는 교량까지 만들어냈다.

덕분에 아치에는 '다른 시/공간으로 들어서는 관문'으로서의 이미지가 있다. 또 그 구조적인 특성 덕에 개방성과 신비로운 힘을 상징하기도 한다. 고대 그리스인들은 최고 신 제우스를 상징하는 기호로 아치를 선택하기도 했다. 어딘지 신비롭고 우아한 모습의 아치를 통해 신에 대한 존경과 사랑을 표현했으며, 아치형 관문을 지나 신전에 들어선다는 것은 세속을 벗어나 신들의 공간, 신성하고 엄숙한 공간으로 다가간다는 의미를 담아내기도 한다. 오늘날에는 건축물의 무게를 지탱하기 위한 목적으로 아치를 사용하지는 않으며, 주로 상징성과 심미성을 위한 장식물로 사용된다. 직선과 직각이 대부분인 공간에서 아치는 이지적이면서 아름다운 공간을 자아낸다. 문을 달지 않아도 아치형태의 출입구 하나로 장식적인 효과도 낼 수 있으며 출입구 뒤쪽에 패브릭을 이용하여 커튼을 달아주면 갑갑한 느낌 없이 프라이버시는 지켜주는 색다른 공간을 연출할 수 있다. 장식효과 외에 실내에 아치는 도어나 파티션 없이도 아치가 존재하는 기점을 중심으로 자연스럽게 공간을 구분시켜주게 된다.

그 외에 아치형 문을 만들기도 하는데 이는 기성품이 없기 때문에 이 형태를 만들기 위해서는 목공작업이 필요하다. 아파트의 천고가 낮은 곳에 아치문을 설치할 경우 출입구의 높이가 낮아질 수도 있음을 주의하여 작업해야 한다.

과거 건축 기술력의 꽃이었던 아치는, 이제 그 상징성과 아름다움을 위해 사용되고 있다.

하늘(천장)을 구분하는 장식, '몰딩'

천장은 기능적으로는 직사광선, 비, 바람과 같은 하늘로부터 위험을 방어하는 역할을 한다. 덕분에 공간을 쾌적하고 안정적으로 만들어 주지만 푸른 하늘과 따뜻한 햇빛, 달빛과 별빛 등을 차단해버렸다.

상징적 요소가 남지 않은 천장은 심리적 불안함을 극복하기 위해 다양한 노력을 기울였다. 가장 손쉬운 방식은 천장을 하늘과 닮게 만드는 것이다. 천장에 하늘과 비슷한 색을 칠하거나 그림을 그리는 행위부터 하늘과 닮은 둥근 모양의 천장을 만들거나 천장에 구멍을 내는 방식까지 이 다양한 방식들의 목적은 오직 천장을 하늘과 최대한 닮아보이게 만드는 것이다. 푸른색으로 칠하고 금빛별과 태양으로 장식하며, 대저택에는 구름과 천사들이 그려진 천장이 당연한 것으로 여겨졌다. 천장에 하늘을 만드는 건 요즘까지도 야광별을 달아놓거나 태양을 닮은 샹들리에를 설치하는 등으로 이어지고 있다. 요즘은 천장에 구름과 천사를 그려 넣거나 푸른색으로 칠하지는 않지만 여전히 그 전통의 흔적이 남아있는 부분이 있다. 바로 천장의 '몰딩'이다.

집 천장 둘레의 테두리에 둘러놓는 몰딩은 벽과 천장을 분리해주는 역할을 한다. 본래 천장에 그려진 하늘 그림의 경계에 있던 복잡한 테두리의 흔적이다. 지금의 장식에 불과한 몰딩에서 천장과 벽을 분리해준다는 것 외에 천장에 만들어진 하늘과 현실을 구분해 주고 집과 집안으로 들여온 하늘을 경계 짓는 상징적인 장식품이었던 것이다. 이런 균일한 공간을 만드는 천장 둘레의 테두리 몰딩은 안정적이며 차분한 느낌을 주며 형태에 따라 공간을 구분해 주거나 비례감을 주기도 한다. 그럼 몰딩이 언제부터 사용되었고 왜 천덕꾸러기가 되어버렸을까? 사실 한국 아파트에서 몰딩하면 생각나는 건 천장의 높이에 비해 굵고 굴곡이 큰 체리색 몰딩이다. 이 몰딩이 유행한 이유는 2000년대 아파트의 고급화에서 찾을 수 있다. 그 당시에는 체리색 몰딩이 고풍스럽고 안정적인 분위기를 준다고 믿었다. 하지만 곧 이 체리색 마감재 때문에 집안의 인테리어를 바꾸고 싶어 하는 이들이 급증했고, 강렬한 색 때문에 집이 좁아 보이고 가구와 색 조화를 이루기도 어렵다는 점을 알게 되었다. 현재는 아파트를 지을 때부터 깔끔한 올 화이트나 연한 톤으로 집 전체를 마감한다.

> 집이 넓어 보이는 몰딩(천장 몰딩 + 걸레받이 몰딩)

한국 아파트는 몰딩 장식이 큰 비중을 차지한다. 모델하우스에는 언제나 체리색, 오크색 같은 두꺼운 나무 몰딩이 장식되어 있다. 몰딩은 벽 시공 마감 과정의 일부이다. 그저 벽면과 면이 맞닿는 곳을 자연스럽게 처리하기 위해 몰딩이나 걸레받이를 설치한 것이다. 그러나 천장과 벽, 벽과 바닥의 마감처리 상태 하나만으로도 공간의 인상이 확 달라진다.

공간을 깔끔하게 마무리하기 위해서 선을 줄이는 것이 중요한데 천장 몰딩은 갈매기 몰딩(크라운 몰딩)과 평몰딩으로 마감하는 경우가 보통이고 마이너스 몰딩이나 무(NO)몰딩으로 마무리하여 공간에 깔끔한 느낌을 주기도 한다.

걸레받이 몰딩은 청소할 때 벽을 손상하거나 더럽히지 않도록 하는 역할이다. 걸레받이 역시 보통은 판을 붙이지만 선을 없애면 공간이 넓어 보이는 효과가 있다. 걸레받이를 없애라는 뜻이 아니다. 벽의 석고보드와 같은 두께의 합판을 걸레받이 대신 아랫부분에 부착하고 벽과 같은 마감으로 마감하면 걸레받이의 선이 보이지 않으므로 깔끔해진다. 보이지는 않지만 걸레받이는 존재하기 때문에 벽이 손상될 염려도 없다. 다만 더러워지기 쉬울 수는 있다. 결국 무엇을 선택하느냐의 문제이다. 하지만 위와 같은 시공법은 비용적인 부분도 많이 든다. 때문에 걸레받이 몰딩을 설치하더라도 화이트로 마감을 하면 선

√ 웨인스코팅이 뭘까?

실내 벽에 사각 프레임 형태로 장식 몰딩을 붙이는 것으로, 본래 17세기 영국에서 석조 건물의 단열과 습기 차단을 위해 덧댄 원목 패널을 이르는 말이다. 허리 높이의 벽돌을 뚫고 들어오는 한기, 습기를 막으려면 단열재를 시공해야 하지만 그 당시 적당한 소재가 없어 나무 패널을 둘러 사용 하였다. 현재는 단열 때문에 사용하기 보다는 밋밋한 벽에 하나의 액자처럼 틀을 만들어 벽면 장식으로 사용되는 케이스가 많다. 특히 웨인스코팅은 벽면의 입체감으로 고급스러우면서 클래식한 분위기를 만들어 주는 효과가 있으며 몰딩의 높이, 두께에 따라 다양한 분위기를 연출할 수 있다. 음각 웨인스코팅은 벽면을 덧씌워 볼록하게 나오는 기법이

아닌 프레임이 오목하게 벽 안으로 들어가는 기법으로 벽에 붙어있을 때보다 그림자 깊이가 생기므로, 벽면 입체감을 더욱 잘 살릴 수 있다.

적인 요소는 보이더라도 어떤 자재와 만나든 이질감 없는 공간 조화를 이루어 보다 넓게 공간 연출을 할 수 있다.

아파트와 '난방'의 만남

문화적 공통점이 많은 한·중·일 삼국 중 한국인만 온돌방에 이불을 깔고 방석을 까는 좌식 생활을 한다. 중국인은 서양인과 마찬가지로 난로나 라디에이터로 난방을 하며 침대와 의자를 사용한다. 일본인은 한국처럼 이불과 방석을 깔지만 온돌방이 아니라 다다미방이고 난방도 온돌이 아니다.

온돌 난방을 위해서는 방마다 구들장을 깔고 아궁이와 구들고래를 설치해야 한다. 난로나 라디에이터를 이용한 난방보다 훨씬 복잡하고 비용이 많이 든다. 온돌방은 불을 피워서 돌과 진흙으로 만들어진 구들장을 데우는 방식이나 방마다 구들을 설치해야 하니 비용도 상당히 증가하는 것은 분명하다. 이렇게 복잡하고 비용이 많이 드는 난방 방식이 왜 우리나라에서만 유지되어왔을까?

부엌과 난방은 당연히 분리되어야 할 대상이었지만 아궁이식 부엌이 안방의 구들을 데우는 식의 '취사+난방'은 수천 년 동안 지속되었다. 그러나 1960년 '석유곤로'가 도입되면서부터 취사가 난방에서 분리되기 시작했다. 취사를 하는 불과 난방을 하는 불이 분리되면서 난방을 담당하는 불은 연탄보일러와 기름보일러로 진화했다. 우리나라는 아파트에 온돌이라는 시스템으로 2층 이상의 건물을 짓기 어려웠으나 '보일러'가 도입되면서 큰 변화를 가져왔다. 몇년이 지난 후에는 10층이 넘는 아파트라는 주거도 가능하게 되었으며 라디에이터나 난로에 비해 '뜨끈한 방바닥'을 만들어주는 온돌방은 추운 겨울을 이기는 데 훨씬 효과적이다.

‟ 우리 집 난방은 어떤 타입일까?

아파트 난방의 종류는 크게 지역난방, 중앙난방, 개별난방으로 나누어지며 가장 보편적으로 적용되는 방식은 개별난방이다. 지역난방은 지역 발전소를 통해 아파트 단지로 난방을 공급하는 방식으로 최근에 건설된 아파트의 대부분은 지역난방 방식이다. 각 세대에는 온도 조절기가 설치되어 있어 적당한 온도를 조절할 수 있지만 공급 온도 자체가 낮아 생각하는 것만큼 따뜻하지 않을 수 있다.

개별난방의 경우 각 세대별로 보일러(가스보일러)를 설치하여 개별적으로 난방 하는 방식이다. 원하는 대로 온도 조절도 자유롭지만 사용습관에 따라 난방비가 많이 나올 수 있음을 고려해야 한다.

중앙난방은 최근에는 거의 찾아볼 수 없는 방식으로 오래된 아파트 중 단지 내에 굴뚝이 있으면 주로 중앙난방이다. 아파트 단지 내에 중앙기계를 설치하여 각 세대로 공급하는 방식으로 개인이 유지 관리 할 필요는 없지만 원하는 때에 난방 사용이 불가능하여 가장 선호도가 낮은 방식이다. 베란다 확장 등으로 난방공사를 하는 경우 중앙난방은 베란다에 열선을 까는 것에 어려움이 있어 필요하다면 바닥에 단열재와 석고보드를 깔아 열을 보존하고 전기온돌 패널 등을 깔아 난방비 대신 전기료로 대체하는 것이 좋다.

30년 이상 된 아파트에서는 아직도 라디에이터의 흔적도 볼 수 있다. 우리는 입식 생활에 익숙해 라지에이터 방식을 사용하는 것이 더 합리적이지 않을까 생각할 수 있다. 또한 바닥 난방은 라디에이터에 비해 시공 과정이 복잡하고 공사비도 많이 든다. 하지만 굳이 라디에이터를 철거하고 난방공사를 다시 하는 이유는 입식 가구의 편리함을 누리고는 있지만 의자 위에서, 소파 위에서 자기도 모르게 좌식 생활을 즐기고 있기 때문이다. 난방은 좌식 생활을 해도 입식 생활을 해도 아무런 문제가 되지 않는다.

✓ 연식에 따른 아파트 인테리어 어떻게 해야할까?

❝❝ 지은 지 5년 미만 아파트(신축 포함): 최소한의 마감재만 교체 + 홈스타일

준공 5년 미만 아파트는 구조 변경이 필요 없다. 소비자들이 가장 선호하는 확장 구조로 지은 단지가 대부분이고 쓰인 자재도 아직 새 것이기 때문이다. 그럼에도 추가 인테리어를 원한다면 벽지나 몰딩 등 마감재가 집주인 취향과 맞지 않거나 전체 집 구조 중 한군데 정도만 바꿔보는 것이 좋다. 아파트 연식이 5년 이내라면 최소한의 마감재만 교체하거나 가구나 소품을 교체하는 방식이 효율적이다.

❝❝ 지은 지 5~15년 된 아파트: 샤시 & 몰딩 & 문 컬러 변경

입주 5~15년 정도 되는 새 집도, 오래된 집도 아닌 애매한 연식의 아파트는 구조 확장이나 변경 공사를 거쳐야 확 바뀔 것이라고 생각하는 이들이 많다. 하지만 구조를 뜯어 고치는 시공은 설비, 단열 등 다양한 세부 작업이 필요하고, 자연스럽게 인건비와 자재비도 급증하기 마련이다. 따라서 꼭 필요한 부분만 고치거나 체리나 오크색 샤시나 몰딩, 문의 컬러를 변경하는 등, '가성비' 높은 방식으로 인테리어를 하는 게 효율적이다.

❝❝ 지은 지 15년 이상 된 아파트: '올 수리'

아파트 연식이 15년이 넘었다면 바닥, 벽, 몰딩, 화장실 등 자재의 변형이 찾아오므로 교체하는 공사가 필요하며 인테리어 할 때는 내 집 공간을 충분히 보는 것이 중요하다.

20년 이상 된 아파트의 경우 구조 자체의 변경이 필요한 경우도 있다. 공간 구획이 예전에 유행하던 방식으로 실거주자와 맞지 않은 불편한 구조인 경우다. 구조를 뜯어 고치는 시공은 전기 설비, 단열, 배관, 난방 등 기초 공사부터 작업이 필요하고 자연스럽게 공사 금액도 많이 상승하게 된다. 따라서 충분한 검토를 한 후 진행해야 한다.

4

우리 공간 이야기,
같은 집 다르게 살기

첫 번째 방
현관

'마음을 허락하는 방'

아파트 현관문은 보기만 해도 '기대감'을 준다. 외출하고 집으로 올 때는 '집에 왔다'는 푸근한 느낌이 시작되는 곳이기도 하다. 현관문은 바깥세상(공적영역)과 집안의 질서(사적영역)를 이어주는 연결점이자 교차점이 된다. 단독 주택이라면 철문이 대부분이고 다세대주택, 다가구주택, 빌라는 유리로 된 현관문을 사용하기도 한다. 아파트에 사는 사람들은 단지 입구를 대문으로 봐야 할지, 아파트 동의 유리 출입문을 대문으로 봐야할지는 모르겠지만, 보통 아파트의 경우 아파트로 들어가는 방화문(현관문)이 대문의 역할을 대신한다. 현관문은 외양이 훌륭하고 견고함까지 갖춘 문이라면 좋지만 보통의 현관문은 동일한 디자인의 철문이다. 대부분 아파트의 현관문이 똑같이 생긴 것은 누가 사는지 사람의 흔적을 공개해야 할 이유가 없기 때문이다. 아파트에 사는 사람들에게 현관문에 대한 선택권은 거의 없다. 자신을 표현하기 위해 사용할 수 있는 것은 종교 스티커가 전부이며 그나마 현관문 안쪽에 시트를 붙이거나 페인트 칠로 새로운 연출을 하기도 한다.

현관은 사람을 위한 공간이라기보다 우산, 신발 등 외출에 필요한 물건을 위한 공간이다. 즉, 신발을 넣어두거나 또는 우산 등을 수납하기 위한 공간으로 사용되며, 현관에 배치한 작은 스툴도 구두나 부츠 같은 신발을 신고 벗기 편하게 하기 위함이다. 현관 바닥은 타일이나 대리석으로 구성되며 현관의 벽은 거울로 장식하기도 한다. 거울은 기능성 물건이지만 때로는 인테리어 감각을 보여 줄 수 있는 중요한 오브제 역할을 한다. 현관이 넓은 경우 좋아하는 가구

나 아이템을 놓아 '포컬 포인트'를 만들기도 한다. '포컬 포인트'란 딱 본 순간 자신도 모르게 시선이 가는 장소를 말한다. 이런 공간은 자질구레한 물건으로부터 시선을 분산시키고 여유로움을 연출하기도 한다. 현관은 집의 입구이자 출구로 누구나 반드시 지나는 장소이며 집의 인상을 좌우하는 얼굴 같은 공간이다. 때문에 현관을 늘 깨끗이 하고 쾌적하게 하면 집 안 전체의 질이 크게 향상된다. 하나의 방이라 생각하고 취향과 개성을 표출하여 잘 꾸민 현관은 집의 분위기를 좌우한다.

작지만 임팩트 강한 중문

현관을 디자인할 때는 복도에서 거실까지의 이미지 연관 관계에 대해 고려한 뒤 규모와 형태를 결정한다. 최근에는 현관이 지니는 가치에 대한 생각이 커지면서 단순한 '공간 입구' 개념이 아니라 부가적인 기능을 넣는 경우가 많아졌는데, 이를 위한 중요한 요소가 바로 '중문'이다. 중문은 인테리어의 한 요소로 집 거주자의 취향을 가장 먼저 보여주기도 한다. 중문에 장착한 디자인 요소들은 장식으로서의 화려함 보다는 문을 통과하는 순간 집주인의 취향을 전달하는 도구이다. 집이라는 성스러운 공간으로 들어가기 전 신발을 벗고 디딤판을 마주하는 행위는 집주인의 허락을 받는 일종의 의식이며, 디딤판 앞 중문은 집 안에 들어올 자격이 있는 사람들, 가족에게는 늘 열려 있고 손님에게는 환영한다는 신호를 보내는 문이기도 하다. '환영'이라는 말 대신 중문은 그런 역할을 대신하고 있다.

중문은 집의 첫인상을 결정하는 동시에 단열효과도 있다. 덕분에 여름, 겨울 냉난방비 절감효과가 있으며 미세먼지 차단까지 기능적 역할도 해준다.

중문은 크게는 미닫이와 여닫이로 나누어 볼 수 있다. 조금 자세하게는 단열 기능이 우수한 '연동 중문', 좁은 현관에도 설치가 가능한 여닫이 형태의 '비대칭 여닫이', '대칭형 여닫이', 미닫이 형태로 공간 활용하기 좋으며 조용하고 부드럽게 열리는 '슬라이딩 도어', 가운데 이음새 부분이 있어 문이 접히면서 앞뒤로 자유롭게 열리는 '스윙도어' 등이 있다. 현관은 비록 오랫동안 머무르는 공간은 아니지만 하루에도 몇 번씩 마주하는 공간이므로 분위기를 바꾼다면 제일 쉽게 큰 변화가 느껴지는 곳이다.

함께 쓰는 펜트리 공간

신발은 계절과 복장에 따라 갖추기 때문에 모든 가족의 신발을 수납하기 위해서는 꽤 넓은 공간이 필요하다. 평소 신는 신발은 신발장 아래 공간에 주변 수납으로, 그렇지 않은 것은 현관 옆 펜트리 공간에 보관한다. 펜트리가 없는 경우는 신발 상자나 전용 보관함에 넣어 각자의 방이나 다용도 공간에 보관하는 것이 좋다.

우산을 시작으로 우비 등 외출에 필요한 물건 이외에도 골프 가방처럼 바로 들고 나가야 하는 부피가 큰 스포츠 용품이나 청소기, 유모차 등 현관 수납 품목도 다양해지고 있다. 현관은 단순히 출입만을 위한 공간이 아니다. 다양한 크기의 물품 외에 재활용 쓰레기 등도 현관에 임시로 두게 된다. 따라서 수납 선반은 고정되는 것보다 물품의 크기에 따라 높이를 자유롭게 조절할 수 있도록 한다.

나의 라이프스타일
거실

가장 화려한 공간

과거에는 집이 곧 거실이었고 거실에서 모든 일이 이루어졌다. 이 말은 거실에서 불을 피우고 음식을 만들었으며 따뜻한 불 주변에 집안 식구들이 모두 모여 잠을 청했다는 뜻이다. 때로 손님이 찾아오면 손님을 맞이하는 곳도 역시 거실이었다. 말 그대로 다용도였던 것이다.

17세기, 다용도 거실에서 다양한 공간과 기능을 가진 방(Room)이 생겨나기 시작한다. 침실과 부엌이 각자의 기능에 맞게 분리되었고 이어 다양한 이름과 형태를 가진 손님을 맞이하는 공간이 만들어졌다. 당시 응접실(Living Room)은 현대의 거실과 비슷하게 탁자와 의자가 있는, 손님과 차를 마시거나 대화를 할 수 있도록 꾸며진 공간이었다. 응접실은 자신이 머무르는 곳보다는 손님에게 보여줘야 하는 공간이라 다른 공간보다 특별히 더 장식된, 일종의 전시장이었다. 집안의 가보를 전시하거나 빼어난 예술 작품을 걸어놓기도 했다. 응접실은 곧 집주인의 사회적 지위를 드러내는 공간이었으며, 기능적으로 존재하기보다는 상징적으로 존재하는 곳이었다. 집안과 가장의 권위와 권력 그 자체로 여겨졌으며 값비싼 가구와 화려한 장식품들이 가득한 현대적 의미의 거실이 만들어진 것이다.

거실 공간의 변화

일반적인 방 4개 아파트의 전형적인 구성은 거실을 중심으로 이를 둘러싼 형태로 방 4개와 식사실, 현관, 욕실이 배치되어 있다. 서양이나 일본 아파트와 비교해보면 그 특징이 뚜렷해진다. 서양 아파트는 가족 공용공간인 거실과 개인공간인 침실을 영역적으로 분리해 구성하는 것이 일반적이며 거실에서 방이, 방에서 거실이 직접 보이지 않는다.

일본 아파트는 전면 폭이 길고 긴 평면 형태로 거실과 방은 내부 복도로 연결되는 것이 보편적이다. 거실이나 식사실에서 식구들이 웃고 떠들어도, TV를 어지간히 크게 틀고 보아도 자기 방에 틀어박혀 있으면 방해를 받지 않도록 되어 있다. 가족 공동생활이 개인생활의 프라이버시를 침해하지 않도록 계획 원리를 적용한 결과이다. 한국 아파트도 아파트 도입 초기에는 거실 영역과 침실 영역이 구분되도록 설계했다. 그러나 지금은 두 영역의 구분 없이 거

벽으로 둘러싸인 공간

창

실을 다른 공간들이 둘러싸고 있는 형태가 되었다. 아파트 수요자들이 영역 분리형 구성보다 거실 중심형 구성을 선호했기 때문이다. 거실을 중심으로 구성된 아파트 평면은 주어진 면적에서 가장 넓고 밝은 느낌을 줄 수 있는 구성이기 때문이다.

집은 일상에 치여 상처투성이가 된 가족이 돌아와 위로받고 편히 쉴 수 있는 상징적인 공간이다. 따라서 가족의 생활공간인 거실에 대한 관심은 더욱 커지고 있다. 특히 핵가족화, 주5일 근무로 인한 여가 시간의 증대, 과도한 경쟁사회에서 얻는 스트레스, 그로 인한 안정감 추구 등 사회 문화의 변화는 가족 가치와 가족 공간의 중요성에 대해 더욱 진지하게 생각하게 한다. 이는 값비싼 가구나 소품으로 치장하는 인테리어가 아닌, 가족애가 드러나는 인테리어를 말한다. 즉, 함께함, 소통, 대화가 이루어질 수 있는 공간을 마련하는 것이 가족 공간의 핵심인 것이다. 흔히 말하는 가족 공간으로는 거실과 주방이 있다. 구조적으로 보면 거실은 집 안의 중심에 위치하여 모든 공간과 연결되며 가장 넓은 공간이다. '문'을 닫고 방으로 들어가면 개방적 공간인 거실과는 완전히 단절되며, 방은 가족들을 서로 등지게 하는 개인만의 패쇄적인 공간으로 변모한다. 개인 공간에 있다가 휴식을 위해 '문'을 열고 나오면서 개방감을 느낄 수 있을 뿐만 아니라 자연스레 가족들이 모여 대화하거나 무언가를 같이 할 수도 있다.

거실 공간은 새롭고 다양한 형태로 변해나가고 있다. 개성 넘치고 자유분방한 현대인들의 사고방식은 가족 공간이 꼭 거실이나 주방이 되어야 할 필요가 없다는 것을 보여준다. 아파트 베란다 자투리 공간에 식물을 키우면서 아이들과 같이 시간을 보낼 수 있다면 그것도 가족 공간이 될 수 있다. 안방은 전통적으로는 가장의 권위, 주부의 권위를 상징하는 곳이었다. 하지만 맞벌이 부부의 등장과 함께 단순한 수면 공간으로 전락했으며 아이가 있는 경우 안방을 같이 영화를 보거나 책을 읽거나 함께 어울릴 수 있는 가족 공간으로 꾸미기도 한다. 거실의 TV를 안방으로 들이거나 아예 TV를 없애기도 한다. 이런 변화는 부부와 자녀와의 대화 시간 증가와 같은 긍정적인 효과들을 이끌어 낼 수 있다.

소파가 만든 공간, 거실

거실은 집 안의 중심이고 집의 인상을 좌우하는 공간이다. 하지만 개성 있게 꾸미기가 가장 어려운 공간도 거실이다. 예나 지금이나 거실 생활의 중심은 '소파' 또는 '의자'이다. 의자는 휴식을 취할 때나 편지를 쓸 때 반드시 필요했고 책을 읽거나 이야기를 나누는 등 실질적인 다양한 활동에서 핵심적인 역할을 해왔다. 중세 유럽의 주택에서는 오직 집주인만 의자에 앉을 수 있었다. 지금처럼 푹신푹신한 소파가 아니었음에도 아무나 함부로 의자에 앉을 수 없었으며 의자는 보통 서로 마주보게 배치되어 있었다. 그러나 요즘 대부분의 가정에서 거실에 놓이는 의자 즉, 소파는 벽을 등지고 빈 벽을 바라보는 배치가 대

부분이다. TV의 등장이 바꿔놓은 생활양식이다. 의자들은 이제 동시에 같은 곳을 바라보게 됐으며 덕분에 어느 집에서나 비슷비슷한 레이아웃이 나오게 되었다. 하지만 지금은 TV가 아니더라도 접할 수 있는 미디어가 많다. 손에 늘 들고 다니는 핸드폰, 노트북으로도 얼마든지 TV 시청이 가능하다. 따라서 TV를 꼭 거실에 놓아야 한다는 고정 관념만 없다면 창을 바라보도록 소파를 배치하고 소파 등 뒤로 식탁을 놓는 형태로 아늑한 라운지 스타일 가구 배치도 생각해 볼 수 있다. 특히 다이닝 룸과 거실의 경계가 모호한 경우 창을 바라보는 소파 배치와 1인 체어로 포인트를 주면 색다른 느낌을 줄 수 있다.

66 라이프스타일 따른 유형 (소파 중심 VS 좌식 중심)

거실에 소파를 놓는 가정이 거의 대부분일 것이다. 소파는 앉아서 편히 쉬거나 누워서 자는 등 거실의 힐링 요소로서 중요한 아이템 중 하나이다. 소파에 앉아서 쉬는 것도 좋지만 앉아 있다 보면 자기도 모르게 소파에서 내려와 바닥에 앉을 때도 있다. 이는 우리나라를 비롯한 일본 등 일부 동양인의 특징이며, 유럽 사람들은 절대로 그렇게 하지 않는다. 소파 중심의 라이프스타일의 경우에는 일반적으로 식당에서 식사를 마친 뒤에도 거실로 이동해 쉬게 된다.

좌식 중심의 라이프스타일에서는 소파를 따로 두지 않고 식사와 휴식을 모두 거실에서 즐기게 된다. 거실이 크지 않다면 좌식 스타일로 꾸며 가구를 많이 두지 않고 바닥에 앉아 식사를 하고 쉴 수 있는 공간을 만드는 것도 좋다. 바닥에 러그를 깔면 더 쾌적하고 아늑하게 느껴져 바닥에서의 생활을 더 즐겁게 할 수 있다. 이처럼 집을 꾸밀 때 무작정 멋져 보이는 서양의 그 무엇을 따라하는 것보다 나만의 스타일을 고려하여 가구를 선택하는 것이 중요하다.

가구 같은 가전, TV 등장

거실을 크게 변화시킨 것은 TV의 등장이다. 손님맞이를 위한 공간에서 TV를 보기 위한 공간으로 급격하게 그 의미가 바뀌었다. 손님을 맞이하고 이야기를 나누거나 차를 마시기 위한 곳에서 지금은 TV를 보기 위한 곳, TV를 보면서 쉬는 곳, TV를 보면서 밥을 먹거나 이야기를 나누는 곳이 되었다. 소파 팔걸이에 음식이나 음료수를 담은 플라스틱 쟁반을 클립으로 고정해 'TV 만찬'을 즐기기 시작했다. TV와 소파는 서로 조화를 이루게 된 것이다.

최근에는 TV를 보는 방식뿐만 아니라 TV의 스타일 자체도 변화하고 있다. 스탠드 형태도 있고, 필요할 때만 사용할 수 있는 프로젝터 제품도 있다. 프레임 형태의 TV를 벽걸이처럼 만들어 굳이 액자를 걸지 않아도 TV 화면에 명화들을 띄워 자유롭게 볼 수도 있다. 흔히 거실 한쪽 벽면 자리를 차지하던 검정 TV라는, 개성 없는 벽면 레이아웃 원칙에 얽매일 필요성이 없게 되었다.

√ 거실 공간 더 넓게 보이게 하는 비법

첫 번째, 천장이 높으면 공간이 넓어 보인다. 오픈 천장을 떠올리면 쉽게 이해할 수 있을 것이다. 그러니 구조를 이용하여 공간의 천장 가운데만 높이면(우물천장) 거실 공간이 더 넓어 보이는 느낌이 든다.

두 번째, 벽체 색상이나 마감을 밝은 색이나 중정색으로 골라 공간 전체를 밝은 색으로 구성하는 것이다. 거실 배경색으로 밝은 색을 사용하면 여러 가구 요소들이 자연스럽게 섞여 공간이 덜 좁아 보이게 하는 효과가 있다.

세 번째, 가구를 이용하는 방법이다. 공간에 비해 큰 가구는 공간을 왜소하게 보이게 할 수 있기 때문에 공간에 맞는 가구를 선택하는 것이 중요하다. 바닥에 붙어 있는 가구보다 다리가 있는 가구를 선택하면 바닥의 마감재가 연결되어 공간의 확장감을 가질 수 있으며 소파처럼 부피가 큰 가구보다는 등이 없는, 낮고 작은 수납 기능이 있는 것이 좋다. 키가 큰 가구는 벽체 색상과 비슷한 톤으로 배치하여 심리적으로 덜 답답하게 구성한다.

네 번째, 장식을 이용하는 방법이다. 바닥에 까는 카펫이나 러그는 시선이 테두리를 향하기 때문에 쇼파나 테이블을 두었을 때 그 면적보다 넓은 제품을 사용한다. 커튼 역시 창문보다 높고 넓게 설치하여 공간의 확장감을 가지도록 한다.

다섯 번째, 조명을 이용하는 방법이다. 어두운 영역이 없도록 고르게 조명을 배치하는 것이 중요하며 어느 곳에 어떻게 비출 것인지가 중요하다. 전체를 골고루 비추는 것보다 벽에 간접 조명으로 비추면 실제보다 천장이 더 높아 보이고 공간도 더 따뜻하게 느껴진다.

'공간을 더 멋스럽게' 인테리어 오브제

인테리어 공간에서의 오브제는 '우리 주변에 있는 사물'을 의미한다. 오브제는 각 공간과의 접촉에 의해 주변 환경과 조화롭게 조형화되어 공간에 부드러움을 더해 준다. 공간과 오브제의 만남은 새로운 공간 분위기를 만들기도 하며 공간을 구성하기도 하는 등 다각적인 역할을 한다. 주로 오브제로 활용하는 것은 액자, 러그, 시계, 커튼 등 이다. 오브제를 선택하는 과정은 생각만큼 쉽지 않다. 수많은 가구들 중 내 취향에 맞는 가구 선택도 어렵지만 더 많은 종류의 오브제들 중 내 취향에 맞는 걸 골라내기란 쉽지 않다.

숨겨진 빛이 매력적인 '조명'

아직도 건설사들은 '빛은 밝아야지!'라는 생각으로 조명을 바깥으로 드러내기 바쁘며 방등과 펜던트, 주방 조명, 다운라이트까지 모두 밝게 만들기 위해 노력한다. 빛을 숨겨둔다는 것은 왠지 전력을 낭비하는 것 같이 느껴져서일까. 대부분 아파트 거실 천장에는 더 이상 간접등을 설치하지 않는다. 하지만 우리는 어두움을 밝히기 위해서만 빛을 사용하지 않는다. 간접등을 사용하여 공간의 분위기를 연출하는 시대에 아직도 무언가를 밝게 비추기 위해서만 빛을 사용한다는 건 참 아쉬운 일이다. 살다보면 우리가 머무는 공간의 공간감과 분위기, 시각적 편안함과 심리적 안정감을 위해 빛을 재설치하기도 한다. 사실 우리에게는 익숙한 거실 간접조명이 있다. 아파트 거실에서 쉽게 볼 수 있는 우물천장의 조명이다. 어쩌면 우리나라 주거환경 간접등의 시초라 할 수 있다. 하지만 형식적인 부분에 그치고 좋은 디테일이 구현되지 않아 공간감을 주거나 분위기를 만들지 못하고 아쉽게 '데코용 조명' 정도로 머물러 있는 것이 현실이다. 주거의 유일한 간접등이 좋은 공간감을 만들어내고 있지 못하니 간접조명은 공사비만을 높일 뿐 없애는 추세는 당연할지도 모르겠다.

비록 천장의 간접조명이 사라지더라도 우리는 살면서 집안 구석구석 빛을 숨기기 위한 노력을 계속한다. 소파와 벽면 사이, 커튼박스 사이, TV 뒷면 등

긴 라인조명이나 작은 휴대용 램프를 사용하여 아늑한 공간을 만들기 위해 노력한다. 그 외에 스탠드, 소파나 테이블 옆에 설치한 벽이나 천장을 향해 빛을 쏘는 간접조명은 소파에 앉아 이야기를 나눌 때 벽과 천장에 반사된 빛으로 이야기 나누는 상대의 얼굴이 편안하고 따뜻하게 보이도록 만들기도 하며, 연인이나 부부간에 서로의 호감을 끌어낼 수 있는 분위기를 연출하기도 한다. 이처럼 간접조명은 한번 매력을 느끼면 절대 포기할 수 없는 부분이다.

❝ 분위기 있는 창 (커튼 vs 블라인드)

창의 비중이 유난히 큰 거실에서는 장식과 기능성을 모두 고려해볼 때 커튼이나 블라인드 등이 꼭 필요하다. 패브릭의 경우 트렌드 변화에 대응 속도가 가장 빠른 소재이다. 그중에도 커튼은 패브릭 중 집안 분위기를 가장 많이 좌우하는 오브제이다. 커튼에 중요한 요소 중 하나는 '투광성'이다. 빛을 얼마나

차단하고 또 통과시켜 주는가에 따라 공간의 분위기는 다르다. 투과율이 좋은 밝은 하얀색 커튼을 치면 쨍한 직사광이 포근하고 부드러운 빛으로 바뀌며, 활기찬 분위기로 연출하고 싶다면 옅은 하늘색 커튼을 사용해도 좋다. 커튼의 컬러는 벽지톤과 맞추되 겉 커튼과 속 커튼의 색상을 톤 온 톤으로 비슷하게 사용했다면 거친 질감과 부드러운 질감을 매치하는 등 텍스처에 차이를 두면 훨씬 멋스럽다. 기본 속 커튼은 빛으로부터 가구를 보호하고 외부 시선을 차단하기 위해 얇은 레이스, 망사, 쉬폰, 린넨 소재를 사용한다. 겉 커튼은 암막 소재 원단을 사용하는데 두께감이 있는 패브릭이라 빛 차단과 보온 유지 및 내부 공간 차단 효과가 탁월하다. 커튼과 함께 컬러나 패턴, 텍스처 등에 포인트를 준 쿠션과 블랭킷을 이용하면 훨씬 아늑하고 일관된 느낌의 거실을 연출할 수 있다.

여름에는 빛을 차단하고 겨울에는 난방 효율을 높이는 블라인드는 크게 가로 블라인드, 세로 블라인드인 버티컬로 나누어 볼 수 있다. 블라인드는 빛을 가리는 것 외에도 직사광이 그대로 실내공간에 떨어지지 않게 천장으로 반사시키는 역할을 한다. 빛이 드는 날 블라인드를 수평으로 맞춰 보면 바깥을 바라보는 시야를 가리지 않으면서 실내에 보다 풍성한 빛을 들일 수 있다. 버티컬 역시 빛을 컨트롤하는 도구이다. 대신 블라인드가 수평의 형태로 위에서 오는 빛을 반사시켰다면 버티컬은 수직으로 좌우에서 오는 빛을 컨트롤한다. 커튼이 완전히 시야를 가리면서 빛을 조절한다면 버티컬은 실내에서의 시야를 어느 정도 확보하며 빛을 조절할 수 있다. 그러나 직사광이 많이 드는 창이라면 수직 형태의 버티컬로는 빛 조절이 어려워 버티컬의 효용성이 높지 않다. 블라인드 컬러는 벽의 컬러를 참고하여 선택한다. 가장 무난한 색은 따뜻한 분위기를 연출할 수 있는 아이보리 계열이다. 작은 집의 인테리어를 하는 경우 집을 답답하게 보이게 하는 포인트 벽면을 만들기보다 블라인드를 선택하여 공간 분위기를 바꾸는 것도 괜찮다. 한편, 창의 비중이 큰 만큼 최근에는 양옆으로 여닫이식 갤러리 도어를 설치하는가 하면 가벽을 세워 유럽식 베이윈도를 만들기도 한다.

❝ 의외로 중요한 '시계'

　예쁜 사진이 많은 인스타에 유독 많이 나오는 시계가 있다. 바로 '노먼 시계'
이다. 마치 거실 인테리어 마침표는 노먼 시계인 것만 같다. 이걸 달아줌으로
써 예쁜 공간이 완성된 듯한 인상까지 준다. 거실 공간에 장식하는 시계는 좀
처럼 신경 써서 선택하지 못하는 경우가 많다. 인테리어 관련 서적을 보면 오
브제의 종류는 많지만 시계에 대한 이야기는 없다. 대부분 시계는 목적을 가지
고 보는 물건이기 때문에 늘 존재하는 오브제로 중요하게 생각하지 않는 결과
이다. 그러나 요즘 오브제 중에서도 시계에 대한 중요성이 높아지고 있다. '누
구나 반드시 보는 것이라서'인 이유도 있지만 '사람의 시선 높이에 늘 놓여 있
는 물건'이기 때문이다. 사실 옛 할머니 집을 떠올려보면 가장 기억에 오래 남
아 있는 오브제 중의 하나는 벽에 걸려있는 커다란 자명종 시계이다. 현관에
걸어서 방에 들어가거나 주방으로 갈 때, 거실로 갈 때, 방에서 나와 다시 현관

을 나설 때, 아침에 일어나 늘 먼저 마주하는 것은 똑같은 위치에 놓여 있는 시계이다. 그 시계가 내 공간과 어울리지 않는다면 어떨까? 목적이 있건 없건 시선 높이에 있는 시계는 시각적 전달력이 있는 물건으로 그 공간의 감성을 대변해 주는 중요한 아이템이다. 거실 공간에 좀 다른 분위기를 연출하고 싶을 때 세련된 시계를 좀 더 생각해보는 건 어떨까. 유행하는 '노먼 시계'를 선택하는 것보다 우리 집 공간과 어울리는 시계는 무엇일까 생각한다면 좀 더 다양한 분위기 연출을 할 수 있다.

취향을 대변하는 주방

돌아온 주방 공간

과거 주방은 하찮은 공간에 불과하며 활기 없는 모습으로 존재했다. 하인들이 요리를 하고, 밤이면 추위를 피해 잠을 자던 장소였다. 신분이 높을수록 주방과의 거리는 멀어야 한다고 생각했고 주방은 지저분하고, 시끄럽고, 쓰레기가 많이 나오는 곳이라 여겨졌다. 19세기까지 품격과 거리가 멀다고 여겨졌던 주방은 주변으로 밀려났지만 20세기에 주방 디자인은 중요한 요소로 부활했다. 하인들과 가정부의 공간이었던 주방은 주부의 공간으로 바뀌기 시작했으며 다른 공간과 조화를 이루기 시작했다. 주방, 식당 사이의 벽을 허물어 하나의 공간으로 합쳐졌으며 현대적인 오픈 플랜식 디자인이 등장했다. 이 공간의 구조는 새로운 문화를 만들어냈으며 가족 구성원들은 주방에 드나드는 것을 꺼리지 않게 되었다.

66 있어 보이는 집

주방이 아파트 광고의 주역이 된 것은 어제 오늘 일이 아니다. 아파트 광고에서 소위 '잘나가는' 여자 연예인들이 서있는 곳은 세련된 가구가 장착된 주방 공간이다. 1960년대부터 재래식 주방을 입식으로 개조하기 시작하였고, 1970년대에는 '오리표 싱크'를 필두로 싱크대 보급이 늘어났지만 그때까지는 불편한 재래식 주방을 입식 주방으로 바꾸어 가사 노동을 줄이는 것이 목표였다. 여성들의 고된 가사노동의 상징이었던 재래식 주방은 가장 외지고 소외된 곳이었으며 취사도구, 그릇, 찬거리 보관 등 어수선하게 놓인 갖가지 살림살이들을 감추고 싶은 공간이었다.

한국에 '시스템 키친'이라는 개념이 처음 들어온 시기는 1980년대로, 이후 주방은 다시 예전처럼 거실과 식당이 하나인 공간이 되었다. 그리고 오늘날에는 첨단기술 장비와 스테인리스로 이뤄진 설비 그리고 전자제품이 중추 역할을 하는 곳이 되었다. 부유한 집주인들은 주방에 많은 돈을 쓰기 시작했으며 값비싼 가구, 주방용품과 최신 기계들은 주방에 실용성과 심미적 아름다움을 더했다.

주방은 집의 공간 중에서 유일하게 '유행하는 상표'가 따라붙는 장소이다. 프라다나 바버, 보스를 몸에 걸치듯 포겐폴, 스메스, 아가, 보슈, 불탑을 공간에 걸친다. 이는 큰 방을 돋보이게 해주는 장신구 역할, 혹은 큰 방과 거실 사이를 연결하는 개방적인 공간으로서 주방의 지위를 상징적으로 보여준다. 실용과 효율이 최우선 가치였던 주방은 더 이상 가사만을 위한 후미진 공간이 아닌 가사의 편리함과 더불어 '있어 보이는 집'의 아이콘이 되었다. 고가의 수입 주방가구에서 가전제품 빌트인까지, 주방은 가장 많은 돈을 들이는 곳이 되었다. 주방은 점점 더 노출되고 눈에 띄게 고급스러워지고 있으며 가장 기능적이던 공간에서 하나의 '상징적 공간'이 되었다.

'나'를 표현하다

대다수의 사람들이 집을 사회적인 지위와 더불어 경제적인 지위의 상징으로, 자신을 드러내는 하나의 수단으로 생각한다. 새 아파트나 새로 리모델링한 집으로 이사를 할 때면 우리는 카달로그 혹은 웹사이트에서 집 안을 채울 내용물을 고른다. 이때 우리는 기존의 집에 무엇이 필요했고 또 무엇이 필요 없었는지를 생각한다.

주방은 우리가 선택할 수 있는 디자인 주제를 가장 폭넓게 갖춘 공간이며 실제 취향 및 동경의 대상을 가장 뚜렷하게 드러내는 곳이기도 하다. 잡지에 자주 나올 법한 반짝반짝 윤이 나고 반듯하며 어떠한 자질구레한 물건도 보이지 않는 아름다운 주방도 좋다. 하지만 나의 생활방식을 가장 잘 드러내고 나를

대변하는 공간은 사실 자주 사용하는 도구나 식기가 놓여 손만 뻗으면 편리하게 사용할 수 있는 생활감 넘치는 주방이다.

아직도 왜 벽을 바라봐야 하는가

감추고 싶은 곳에서 보여주고 싶은 곳으로 변신하긴 했지만 사실 주방의 레이아웃 자체는 크게 변화하지는 않았다. 주방 가구는 화려해지고 작업 공간은 편리해졌지만 여전히 '외진 곳'이 주방이다. 주방의 가장 중요한 작업 장소인 싱크대의 배치 방식을 보면 식사실이 거실과 연결되고 주방 역시 별도 구획 없이 식사실과 연결되지만 작업 공간인 싱크대는 주로 벽을 보고 배치되는 경우가 많다. 비록 주방공간은 식사실로 열렸지만 싱크대에서 일하는 주부는 식사실과 거실을 등지고 있어야 한다. 최근 대형 아파트에서 주방 면적을 늘리고 아일랜드형 주방가구를 배치하지만, 이 역시 부가적인 요소일 뿐 메인 싱크대의 배치 방식은 여전히 식사실을 등지고 벽을 바라보고 있다. 주방가구는 화려해지고 냉장고는 커졌지만 주방에서 일하는 동안 소외되고 가족을 등져야만 한다. 온 식구가 마주 앉아 대화를 나눌 수 있는 시간은 식사 시간이 유일하다. 주말마다 어렵사리 찾아온 가족 저녁식사 시간은 말할 것도 없고 설사 따로 식사하더라도 둘 이상의 식구가 함께 식사 하는 경우가 많은데, 벽을 보고 식사 준비하며 대화를 할 수는 없는 배치로 가족 간의 소통은 사라지게 된다.

❝ 군더더기 없는 I형, II형

일반적으로 물리적인 공간적 제약 때문에 일반적인 아파트 20평형대는 일자형, ㄱ자형, 30평형대는 ㄱ자형과 ㄷ자형, 아일랜드, 40평형대 이상은 ㄷ자형, 아일랜드형 배치로 구분된다. 물론 사는 사람의 취향과 기호에 따라 선택 가능하다. 때문에 신축 아파트보다 살면서 고쳐가는 리모델링 아파트를 통해 좀 더 유연한 주방 배치를 만들 수 있다.

일자형 주방은 가장 기본적인 주방 동선으로 싱크대, 가스레인지, 냉장고 등을 일렬로 배치한 것이다. 옆으로 이동해서 작업할 수 있고 공간을 절약할 수 있으므로 좁은 아파트에 가장 적합하다. II형 주방은 일자형의 확장 버전으로 뒷면에 수납 캐비닛이나 조리대 등을 설치한 것이다. 뒤로 돌기만 하면 필요한 물건을 꺼낼 수 있어서 작업 효율성이 뛰어나다. 주방 내 작업 동선을 고려했을 때 폭은 최소한 900mm 정도 이상 확보해야 한다.

ㄱ자형은 소형 평형대에서 가장 선호하는 배치 형태이며 일자형에 비해 작업 공간 확보와 동선효율이 좋으며 자투리 공간을 활용한 확장도 할 수 있다. 3면을 사용하는 ㄷ자형은 확장된 작업 공간과 효율적인 주방동선 배치, 그리고 넉넉한 수납공간 확보가 장점이다. 그러나 ㄱ자형, ㄷ자형 주방은 조리대 아래쪽 코너 부분의 수납 공간을 쓰기 어려워 데드 스페이스(요즘 수납은 이러한 단점도 극복하는 시스템을 제안하므로 개의치 않아도 됨)가 발생하기 마련이다. 하지만 일자형이나 II형 주방은 수납공간에 군더더기 없다.

❝ 탐욕의 아일랜드

　주방은 단순히 조리와 식사를 전담하는, 주부만을 위한 공간이 아니다. 모든 식구들이 가사를 분담하는 생활방식에 가사의 중심이자 생활의 중심공간으로 주방의 역할이 확대되고 있기 때문이다. 면적 대비 방의 개수가 중요했던 이전 주거 타입에서 1인 또는 2~3인 구성 가족으로의 변화는 방의 개수보다 주방과 식당의 일체화로 공간의 확장을 유도한다. 아일랜드 주방은 더 이상 일하는 사람이 가족을 등지지 않고 함께 마주할 수 있도록 하며 식사실과 거실은 소통하는 공간이 되었다.

　사실 작은 집에는 주어진 공간 배치 안에 아일랜드 주방을 집어넣기 어려워 넓고 아일랜드 주방 = 럭셔리한 집이라는 선입견이 생겼다. 그러나 가전제품의 기능이 날로 발전하면서 여러 제약에서 주방 공간이 자유로워졌다. 따라서 독립적 아일랜드 주방의 핵심은 '오픈형 주방과 식사실, 거실의 일체화(Living Dining Kitchen LDK 공간)로 자유로운 동선 구성이 가능하다'는 것이다.

독립된 아일랜드 주방(생활공간과 함께하는 커뮤니티 장소로 사용)은 사용자의 선호도에 따라 쿡탑, 개수대 등 선택이 가능하다. 주방을 배치하기 위해서는 먼저 물리적, 공간적 제약을 바탕으로 현재 생활패턴과 요리습관을 고려하여 배치를 계획한다. 즉, 평소 요리를 즐겨하는지? 식구는 몇 명인지? 조리공간은 얼마나 커야 하는지? 등 다양한 요구를 해결할 수 있는 주방배치로 구상해야 한다. 보통의 주방 동선은 요리를 위한 가장 합리적인 동선으로 요리 순서(반출(냉장고) ⋯ 재료 손질(씽크홀, 조리대) ⋯ 조리(쿡탑)의 순서)를 기반으로 하며 아일랜드 주방에 상부 후드를 설치할 경우 주방 설비 전문가들의 조언을 받는 것이 좋다.

일상의 모든 것이 이루어지는 공간, LDK(Living Dining Kitchen)

가족 형태와 각자의 라이프스타일의 변화, 예측하지 못한 코로나 등으로 '바깥'보다는 '안'에 집중하는 현상이 두드러지면서 주방의 역할 또한 다양해지고 있다, 특히 주방의 경우 기존 LDK구조에서 나아가 서재나 홈 카페의 역할을 겸하는 한편 일과 취미를 함께하는 공간이 되거나, 가족은 물론 친밀해지고 싶은 사람들과의 네트워킹을 위한 장소로 쓰이기도 한다. 따라서 주방은 '나만의' 혹은 '내 가족만의' 공간을 남과 다르게 꾸미고 싶은 욕구는 과시하지 않으면서 은근한 멋이 느껴지도록, 복잡한 것은 숨기고 드러낼 것은 보여주는 묘미를 살릴 필요가 있다.

주방은 다양한 쓰임새만큼이나 다양한 스타일로 연출할 수 있다. 테이블 웨어와 냄비, 프라이팬 등은 물론 냉장고와 오븐, 전자레인지 등 가전까지 깔끔하게 숨기는 '키큰장'을 설치하는 경우가 많은데, 중요한 것은 '최소한의 디테일로 심플함을 강조'한다는 것이다. 예를 들어 사용하지 않을 때는 도어를 닫아두면 군더더기 없이 깔끔한 벽이 되며 천연 원목이나 대리석 등으로 마감하

여 표면에 포인트를 주기도 한다. 손잡이를 달지 않는 대신 장과 장 사이 틈으로 접어 넣는 포켓 슬라이딩 형태의 도어를 사용하기도 한다. 최근에는 기능성과 주방을 더 이상 단순히 요리만 하는 공간이 아닌 갤러리 같은 공간으로도 연출할 수 있다. 작품처럼 장식장에 그릇을 오브제처럼 전시한다든가, 전문 셰프의 주방처럼 대면형 주방도 가능하다. 조리대와 개수대, 식사할 수 있는 공간을 넓은 테이블에 함께 배치하는 것은 셰프의 대형 키친에서 영감을 받은 주방으로 음식을 굽고 볶으면서 맞은편에 앉은 사람과 편안하게 이야기를 나누는 셰프 테이블 같은 느낌이다. 개방감을 살린 구성 덕분에 요리하는 사람과 음식을 맛보는 사람 모두 훨씬 즐거운 공간을 만들 수 있다.

자녀가 한 명뿐인 가족, 아이가 없는 부부, 혼자 사는 싱글 등 가족 수가 적은 가정이 늘면서 다이닝 룸은 손님 초대용으로 이용하고 주방의 서브 테이블을 적극적으로 활용하는 경우도 많다. 아일랜드 테이블을 보조 식탁으로 쓰기도 하지만, 요즘은 조리대나 아일랜드에 또 하나의 긴 바 테이블이나 널찍한 정사각형 테이블을 부가적으로 설치한다. 이때 대리석 조리대 상판에 원목 소재 서브 테이블을 결합하는 식으로 서로 다른 소재를 매치하면 한층 멋스럽게 공간 연출이 가능하다. 이런 서브 테이블은 간단한 브런치나 스낵 타임을 위한 홈 카페가 되기도 하고, 엄마가 요리하는 동안 바로 옆에서 아이가 숙제를 하기에도 적합하다. 따라서 주방은 조리와 식사 외에 어떤 작업이 이뤄지는지 구체적인 활동 범위를 체크한 뒤 취향을 반영할 필요가 있다. 배달 음식, 간편식 시장이 확대됨에 따라 조리 공간과 다이닝 공간을 여닫을 수 있는 폴딩 도어를 설치해 일정 공간을 나누거나, 거실과 연결되는 다이닝룸을 기능적으로 또는 미적으로 보이기 위해 중문형 도어 또는 아치 형태의 게이트를 만들기도 한다. 최근에는 상공간 인테리어를 응용한 유리블럭 형태의 파티션을 세워 독립적인 다이닝 룸을 꾸미기도 한다.

기능을 담은 빌트인 가구

주방은 편리한 주거 생활을 돕기 위해 존재하는 기능적인 공간이다. 1980년대 주방에 효율적인 동선으로 편리한 작업이 가능한 시스템 주방이 등장하며 다양한 형태와 컬러, 이음새 없는 상판 등 다양한 구조의 기능성을 강조한 주방 설계가 이루어졌다. 이전의 주방가구 시장이 스테인리스 스틸 싱크대를 생산하는 업체 중심이었다면, 지금은 주방 가구에 기기를 내장해 주방의 자동화 및 사용자의 동선을 세심히 고려해 작업 동선을 줄이는 형태로 바뀌었다. 하지만 빌트인 주방이 많은 아파트에 대중적으로 사용되며 사용자의 개성과 가족 특성, 취향에 대한 배려가 부족한 가구 구성이 되었다. 때문에 지금은 다양한 친환경 자재 등을 사용해 차별화를 시도하고 있다.

66 주방 '가구'의 구성

주방은 크게 주방 가구와 주방 가전으로 구성된다. 주방 내에서 작업 동선은

걷는 거리가 짧도록 효율적인 구성이 중요하며 작업대 높이는 820-850mm 정도, 폭은 손을 뻗었을 때 닿는 범위인 600mm 정도가 적당하다. 대부분 음식을 준비하는 단계에 맞추어 준비대 - 개수대 - 가열대 - 배선대 순으로 배치한다. 준비대는 식자재를 손질하는 영역으로 냉장고를 포함하며, 물을 쓰는 개수대에서 다듬고 씻어 조리대에서 요리를 한다. 음식을 익히는 영역은 가열대로 가스레인지, 오븐 등을 두고 상부에는 환기장치인 후드를 설치한다. 배선대는 완성된 음식을 그릇에 담아 옮기는 영역으로 식사 공간과 바로 연결되는 위치가 좋다.

주방에는 요리와 식사를 위한 식기, 조리기구, 식품, 가전제품 등이 있으며, 이를 효율적으로 수납할 공간이 필요하다. 수납장의 종류는 위치에 따라 작은 물품을 주로 수납하는 키큰장, 작업대 위쪽 벽면에 고정하는 상부장, 작업대 아래의 하부장, 모퉁이에 위치한 코너장이 있다. 수납장은 내부의 물건을 한눈에 파악할 수 있소 손이 쉽게 닿는 범위 내에 있어야 한다. 수납장의 깊이는 하부장은 550-600mm, 상대적으로 물건을 꺼내기 어려운 상부장은 290-330mm 정도가 알맞다. 싱크대 하부는 배관이 지나가는 공간을 제외하고 선반이나 서랍장을 짜 넣거나, 코너장을 만들어 데드 스페이스 공간까지 활용한다. 최근 주방 트렌드는 답답한 상부장 대신 한 번 열어 한눈에 수납을 파악하는 긴 서랍장을 선호하며 긴 가로선을 강조하는 선반을 설치하기도 한다. 상부장의 크기가 커질수록 무게가 무거워 하중을 지지하면서 적은 힘으로 열 수 있도록 문의 하드웨어도 다양해지고 있다.

주방 '가전'의 구성

대치동에 가면 하이엔드 주방을 모아 놓은 쇼룸을 볼 수 있다. 특히 빌트인 가전이라는 개념을 보면 튀지 않으면서 주방 가구와 자연스럽게 녹아드는 것을 볼 수 있다. 고급 주방에서만 볼 수 있을 것 같았던 스마트 가전은 이제 보편화 되었고 주방 가전이 아니더라도 난방, 에어콘, 선풍기, 가스까지 핸드폰과 연동해 모든 제어를 손쉽게 할 수 있다. 블루투스 기능과 연동된 주방 후드와 인덕션은 알아서 할 일을 하고, 냉장고는 식재료를 인지한 뒤 오늘 상에 올릴 레시피를 추천, 식재료도 함께 주문한다. 음성 인식을 탑재해 말로 냉장고 문을 열고, 제어도 가능하며 날씨나 생활 정보들을 냉장고 패널을 통해 확인할 수도 있다. 이러한 기술과 조화를 이룬 빌트인 가전은 일상과 연계된 다채로운 역할도 함께하는 것으로 진화되고 있다.

인공지능의 신세계 + 예술작품으로의 가치 '냉장고'

냉장고는 옆으로 여닫는 도어가 있는 프리스탠딩 냉장고와 가구에 빌트인 되어 있는 빌트인 냉장고가 있다. 프리스탠딩 냉장고는 빌트인 가구의 깊이보다 깊으며 빌트인 냉장고는 빌트인 가구의 깊이와 일치한다. 따라서 빌트인 냉장고는 가구 밖으로 튀어나오지 않는 키친핏으로 깔끔한 인테리어가 가능하다. 냉장고 앞에 있는 구역은 문을 열고 닫고 음식에 쉽게 접근할 수 있도록 최소한 900mm의 공간이 있어야 하며, 음식을 적재하거나 내릴 때 여유 공간을 고려해야 한다. 인공지능형 융합은 냉장고에 보관 중인 식재료를 감지하고 푸드 리스트에 추가하여 언제든 냉장고 스크린 패널을 통해 확인할 수 있다. 그뿐 아니라 유통 기한이 임박한 식재료를 미리 알려주고, 선호 식단을 설정해두면 냉장고에 보관된 식재료를 입맛에 맞게 활용할 수 있는 레시피를 추천해주기도 한다. 냉장고의 표면 변천 과정을 살펴보면 화이트에서 메탈, 그리고 소지자 취향에 따른 다양한 소재와 컬러 조합에서 현재는 나만의 핸드메이드 패턴으로 기능뿐만 아니라 세상에 하나뿐인 예술작품으로서 냉장고의 희소성을 이야기 하고 있다.

—— 스마트한 빌트인 가전 '쿡탑' & 공간 활용을 위한 최적의 '후드'

전기 쿡탑의 작동방식은 하이라이트와 인덕션 2가지로 나누어진다. 하이라이트와 인덕션의 차이는 열을 생성하는 방식이다. 하이라이트는 열로 조리 용기를 데우는 원리이고, 인덕션은 자기장 유도 방식 원리이며, 하이브리드는 하이라이트와 인덕션을 모두 사용할 수 있도록 두 가지를 결합시킨 전기 쿡탑이다. 하이라이트의 열선 방식은 상판을 가열하는 방식으로 조리 이후 상판에 남은 잔열을 이용해 요리가 가능하지만, 상판의 잔열로 화상의 위험이 있다. 반면 인덕션의 경우 용기에 열이 직접 전달되어 열효율이 뛰어나 조리시간이 단축되고, 전기료가 절감되며 상판에서 열을 발생시키지 않아 화상의 위험은 적다.

조리할 때는 연기, 냄새, 기름 및 유독 가스가 발생하기 때문에 주방에는 적절한 환기가 필수이며, 배기 후드를 통한 강제 배기와 더불어 자연 환기가 병행되어야 이상적인 환기 역할을 기대할 수 있다. 대부분 가정에서 사용하는 배기 방식은 외부로 통하는 쿡탑 위의 환기 후드이며, 후드의 크기는 요리 면보다 각 면에서 약 8cm 가량 넓어야 한다. 우리나라 주방의 경우, 주방 상부장의 사이즈로 인해 대부분의 후드가 600mm, 900mm 두 가지 사이즈로 생산되고, 간혹 비규격 제품들도 판매되고 있다. 최근 인덕션은 후드와 하나로 결합되어 인덕션을 사용하면 알아서 후드가 작동한다. 이런 후드를 '다운드레프트'라 하며, 리모컨을 작동하면 상판 아래에 숨어 있던 후드가 솟아오르는 식이다. 미관상 후드를 상단에 설치하기 힘든 아일랜드 공간에 주로 사용하는데 개방감 있는 주방을 만들어준다.

—— '전자레인지'와 '오븐' 사이

오븐과 레인지는 함께 또는 개별적으로 배치한다. 전자레인지는 일반적으로 상단 캐비닛의 손에 닿는 밑 칸 또는 벽에 내장된 키큰장의 중간 칸 중 하나에 배치한다. 벽 오븐을 벽 캐비닛에 배치되는 별도의 조리기기로 설치한다면 벽 캐비닛에 공기가 순환할 수 있는 통로가 45mm 이상 확보되어 있는지 확인해야 하며, 최소 850mm 높이(유아의 안전사고 방지 높이)에 설치되어야 한다.

—— 빌트인 '식기세척기'

식기세척기에 필요한 급수와 배수를 공급하기 위해 싱크대에서 가까운 위치에 배치한다. 내장형 식기세척기는 너비가 60cm로 급수 파이프, 배수구 및 전기 콘센트에 연결된다. 싱크대에서 90cm 이상 떨어지면 비효율적이다.

✓ 빌트인 가구 설치 시 유의사항

빌트인 가구의 시공은 주방 가구 업체와 주방의 설계 초기 당시부터 함께 계획을 진행해야 한다. 주방을 사용하는 소비자의 요구에 맞춰 빌트인 가구 디자인을 제안하고 빌트인 가전의 전력량, 콘센트의 위치, 급.배수 위치 등을 고려해 주방 가구와 맞춤 설계를 시작한다. 주방에서 사용하는 전기 콘센트에는 메인 전원에서 누전 차단기를 경유해서 공급된 전원을 사용해야 한다. 레인지/오븐처럼 전기에너지를 열에너지로 변환하는 가전제품에는 특별히 단독으로 전원이 공급되어야 하며 경우에 따라서는 배전함에 직접 배선되어야 한다.

주방 콘센트 배치는 실내 구성과 조리 및 가전제품의 위치에 따라 결정 된다. 일반적으로 콘센트는 벽 위치의 카운터 하단 및 상단 높이에 위치한다. 빌트인 가전의 경우 업체마다 조금씩 크기 차이가 있고, 냉장고와 세척기 등은 제품 뒤쪽에 약간의 여유를 두어 환기 공간 확보가 필요하며 이러한 사항을 사전에 확인하는 작업이 필요하다. 최근엔 카운터 상판 위에 소가전을 위한 터치형 빌트인 콘센트를 설치하기도 한다. 설치 순서는 주방 가구 다음에 가전을 설치해야 하고, 소비자가 설치할 수 있는 프리스탠딩 가전과는 달리 빌트인 가전은 전문적 지식을 갖춘 설치 전문가가 직접 설치를 진행해야 한다.

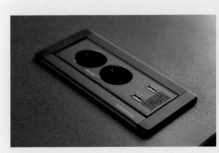

내가 원하는 대로, 주방 마감

주방 소재는 주방 분위기를 결정하는 가장 큰 요소다. 상판과 주방 마감을 어떻게 조화시키느냐에 따라 전혀 다른 느낌의 주방이 완성되기 때문이다. 주방에는 오염과 스크래치에 강하며, 미적으로 아름다운 소재를 선택할 수 있다. 가장 많이 사용되고 있는 상판은 천연석의 패턴이나 재질의 불규칙성 한계를 극복한 인조 대리석이며, 자연스러운 무늬 패턴을 겸비한 엔지니어 스톤은 가장 천연석에 가까운 자연스러움을 살릴 수 있는 프리미엄 상판 자재로 사용되고 있다. 자연 그대로의 아름다움과 고급스러움을 표현할 수 있는 천연 대리석은 떨어지는 음식물에 의해 변색될 수 있다는 단점이 있어 많이 사용하지는 않는다. 최근에는 실용성에 특화된 세라믹 상판을 사용하기도 한다. 세라믹은 표면 오염과 변색에서 자유롭고 스크래치와 고열에 강해 주방 상판 외에 가구 판재로 사용하기도 한다. 위생뿐만 아니라 심미적으로도 뛰어난 스테인리스는 연마 방식에 따라 질감과 패턴에 변화를 줄 수 있고, 같은 소재의 싱크볼에 맞춰 주방 인테리어에 일관된 느낌을 낼 수 있다. 사실 상판 소재는 무엇보다도 주방을 어떻게 사용하느냐에 따라 선택이 달라진다. 과거 상판 두께로 부엌의 기술력을 판가름 했다면, 현재는 어떤 마감재로 얼마나 잘 가공하는지, 또 어느 선까지 마감을 일체화 할 수 있는 지가 중요한 요소로 작용한다.

인테리어의 작은 소품 (주방가전의 소형화)

가구와 마찬가지로 가전제품을 구입할 때도 많은 고민을 한다. 가전제품을 제품별로 구입 하다보면 통일감을 연출하기 어렵다. TV 광고에는 고급스러운 집을 배경으로 최소한의 가구만 배치해 가전제품의 가치를 극대화하는 프리미엄 가전이 나오지만, 우리는 보통 가전회사에서 대대적으로 홍보하는 신제품을 구입한다. 그러니 막상 집에 들여놓고 보면 디자인이나 색상이 기존 가전과 어울리지 않거나 너무 튀어서 난감할 때가 많다. 가전제품을 고를 때는 TV 광고 속 연출된 가전을 생각하지 말고 다른 가전제품들과 함께 두었을 때 어울리는 제품인지를 생각해야 한다. '가전제품도 중요한 인테리어 소품'이라는 사실을 잊지 말아야 한다.

1~2인 가구의 급증으로 가구 및 가전의 소형화도 눈에 띄는 변화라 할 수 있다. 통상 가전 시장에서 냉장고, 세탁기, TV 등을 대형 가전으로 분류하고, 청소기, 선풍기, 밥솥 등을 소형 가전으로 분류했었는데, 요즘은 크기가 작은 냉장고나 세탁기도 많이 사용해 단순히 소형 가전, 대형 가전이라 칭하기는 그 경계가 다소 모호해졌다. 주방의 소형 가전은 종류가 점점 더 다양해지고 가구의 일부로 자리 잡았다. 대표적으로 소량의 세탁물을 빠르게 말려주는 미니건조기, 좁은 공간의 공기를 빠르게 순환시켜주는 공기청정기, 저용량 냉장고 및 전기밥솥 등이 있다.

음식의 색과 맛을 좌우하는 조명

주방 조명의 구성은 주방 전체 공간의 조도를 확보하기 위해 천장에 설치하는 전반 조명인 다운라이트, 싱크대 상부장 밑면에 설치하여 조리대를 직접 비추는 작업 조명, 아일랜드 식탁이나 싱크대 일부 공간에 포인트 조명 역할을 위한 펜던트 조명으로 나눠볼 수 있다.

주방의 주요 조명인 다운라이트만 있으면 상부장 아래에서 일하는 사람이 다운라이트를 등지게 되어 조리공간에 그림자가 생기거나 어두운 영역을 생길 수 있기 때문에 상부장 밑면에 별도의 조명을 설치해서 싱크 뒷벽과 조리대를 비춘다. 싱크대 상부장 하부에 설치된 조명과 천장에 별도로 설치된 펜던트 조명은 카운터에서 작업 조명 역할을 겸할 수 있다. 상부장 밑에 설치하는 작업 조명은 상부장 밑면의 안쪽 끝 벽면 방향에 설치하거나 등기구를 가리기 위해 상부장 밑면을 오목하게 매입해서 사용자가 의자에 앉은 위치에서 등기구가 직접 보이지 않도록 장착해야 한다. 반사가 심한 재질로 조리대 상판을 만드는 경우 상부장 하부 등기구가 심각한 반사를 일으킬 수 있으므로 반사도가 낮은 밝은 색의 저광택 상판을 사용하거나 등기구를 상부장 밑에서 주방 벽면

을 간접적으로 비추는 월워시(빛이 벽면을 흐르도록 하는 조명 방식) 방식의 간접조명 형태로 설치하여 눈부심을 방지한다.

❝ 식탁 위의 조명

우리는 다른 어떤 것들보다 음식의 색에 민감하다. 음식을 본다는 것은 단지 시각에서 그치는 것이 아니라 후각과 미각에 이르기까지 여러 감각의 시작점이 된다. 시각을 통한 정보는 음식을 비추는 빛의 영향을 받는다. 천장에서 넓게 퍼지는 형광 조명 아래 놓인 음식은 레스토랑의 펜던트 속 백열전구 아래 놓인 음식과는 전혀 다른 모습을 보여준다. 푸른 기운이 도는 조명은 음식이 맛있어 보이게 하는 붉은 기운의 색들을 제대로 표현해주지 못하기 때문이다.

식사 공간은 집에서 중요한 역할을 하는 공간 요소이다. 이곳은 함께 모여 음식을 먹는 목적을 가진 공간이면서 온 가족이 모이는 자리이기도 하다. 식탁 대부분 거실과 주방의 중간, 방과 방 사이의 통로 근처에 위치한다. 작업 활동이 이루어지는 공간에는 작업을 밝혀 그림자가 생기지 않도록 충분한 밝기로 조명을 연출해야 하지만 식사 공간에서는 집중조명을 이용하여 음식을 보다 먹음

직스럽게 보이는 것이 중요하다. 따라서 색 온도가 높고 따뜻한 조명을 사용해 밝은 분위기를 연출하는 것이 중요하다. 이런 점에서 펜던트 조명은 조형적으로 예뻐 보이는 것은 물론, 먹음직스럽게 음식을 비추기 좋은 조명 중 하나이다.

펜던트 조명을 설치할 때는 앉은 자세 눈높이에서 눈부심을 피하기 위해 펜던트 등기구의 높이, 위치 및 디자인을 충분히 고려해야 하며 펜던트 등기구가 시선을 차단하거나 사람들이 앉았다 일어설 때 부딪히지 않도록 고려해야 한다.

필수 공간, 보조주방 겸 펜트리 공간

요즘 아파트 모델하우스를 보다 보면 펜트리 공간을 심심치 않게 보게 된다. 도대체 펜트리는 무엇을 의미하는 공간일까? 펜트리는 주방과 인접한 위치에 수납공간으로 식품이나 식재료를 보관하는 식품 저장고이다. 최근에는 맞벌이 가정이 늘어나 장을 한꺼번에 보는 경우가 늘어 어느 정도 식품을 사서 쌓아두는 일이 일반적이다. 따라서 아무리 작은 집이라도 사온 물건을 보관할 장소가 필요하다. 사실 오래된 아파트에는 펜트리 공간이 없다. 적당한 곳에 두면 된다고 생각했기 때문에 공간 계획을 따로 하지 않았다. 짐들이 하나둘 주방 옆에 쌓인 상태로 있는 집은 사실 보기에 좋지 않다. 주방 생활의 어려움을 해결해 주는 공간이 바로 펜트리이고 작아도 꼭 필요한 필수 공간이다. 펜트리 공간은 식품 저장뿐만 아니라 음식에 필요한 조미료, 캔 음식은 물론 빵과 시리얼, 와인 같은 술을 보관하는 장소로 사용하기도 한다.

오래된 아파트를 리모델링 하는 경우 주방 수납공간이 부족할수록 펜트리 공간을 만들어 달라고 요청하는 경우가 많다. 식료품 외에도 큰 냄비 등 평소 자주 사용하지 않는 조리기구 등 수납하기 어려운 물건을 깔끔하게 정리할 수 있기 때문이다. 특히 개방형 주방은 많은 물건이 밖으로 나와 있으면 어수선해 보이므로 펜트리 수납공간을 만듦으로써 주방을 깔끔하게 유지할 수 있다. 펜트리 공간은 거실이나 식당의 사각지대가 되는 위치에 만드는 것이 좋으며 주방 주위에 펜트리 공간을 만들 수 없을 경우 현관에 수납공간을 만드는 것도 좋은 방법이다. 장을 보고 들어왔을 때 보관하고자 하는 물건이 음료나 흙이 묻은 채소 등이라면 수월하게 수납할 수 있기 때문이다.

작은 아파트에 펜트리 공간을 만들기 어려운 경우 다용도실을 주방의 부속 공간으로 활용하기도 한다. 보통은 세탁기나 안 쓰는 물건을 쌓아두는 공간으로 활용되는 경우가 많으나 그 공간을 조금만 다듬어 멋진 수납공간을 만든다면 주방 공간 전체를 핏(Fit)있게 사용할 수 있다.

작아도 즐거운 욕실

생활의 시작과 끝을 함께하는 욕실

집에서 주방과 욕실은 특히 기능을 중시하는 공간이다. 실제로 안에서 머무는 시간은 서재나 침실, 심지어 거실보다 짧지만 욕실을 잘 꾸며야 사용할 때마다 편안함과 여유를 최대치로 누릴 수 있다.

욕실은 목욕하는 시설을 갖춘 공간이다. 과거에는 생리 기능을 담당하는 비위생적 공간으로 생각해 집 밖에 따로 떼어놓는 별도의 공간으로 배치했다. 1920년 영국의 고급 호텔에 처음 현대적인 욕실이 들어섰지만 1930년대까지도 유럽의 주택에는 대부분 샤워기가 없었다. 우리나의 경우 1962년 서울의 한 아파트에 지금과 비슷한 형태의 세면기, 변기, 욕조가 함께 있는 욕실이 처음 만들어졌다. 지금의 욕실은 거실, 침실, 주방과 같은 하나의 '실'이 되었다.

매일 한두 번은 반드시 들러야하는 곳, 하루의 일을 준비하고 마무리 하며 몸을 깨끗이 하고 편안한 잠자리를 위해 피로를 씻어내는 곳, 청결과 힐링의 상징이기도 한 곳이 바로 욕실이다. 하루의 시작과 끝을 늘 함께 하기에 작아도 즐거운 욕실을 만들어 두면 삶이 더 풍요로워 질 것이다. 따라서 욕실을 꾸미기 전 내 생활 방식에 맞는 스타일을 찾는 것이 중요하다. 예를 들어 샤워와 목욕은 다르다. 샤워는 신속하게 몸을 씻어내는 과정으로 오랜 시간이 필요하지 않다. 반면 목욕은 욕조에 몸을 담근 채 휴식을 하는 시간이다. 1인 가구나 가족 구성원이 적은 경우 욕조를 철거하고 샤워 부스를 설치하여 깔끔하고 세련된 분위기를 내는 경우도 있지만 힐링, 휴식을 위해 욕조나 반신욕조를 설

치하기도 한다. 최소한의 것들만 갖춰진 욕실에 자리 잡은 욕조는 욕실에서 보내는 시간이 낭비하는 시간이 아닌 휴식과 충전을 위한 시간이라는 인식을 준다. 우리는 인생의 즐거움 중 샤워하고 목욕할때의 작은 관심만으로도 호사스러운 기분을 느낄 수 있다.

#내 집에 맞는 타일 선택 노하우 & 연식별 타일 시공

욕실 마감재 중 가장 중요한 것은 타일이다. 어떤 타일을 사용하느냐에 따라 공간의 분위기가 달라지기 때문이다. 유명 SNS, 핀터레스트에서 본 멋진 대형 타일이 자신의 취향이라 생각 없이 주문부터 한다면 추후 문제가 발생할 수 있다. 면적이 작은 집의 경우 대형 타일은 바닥 경사를 잡기가 어려울 수 있다. 또한 대형 타일은 무게가 있어 시공비가 비싸다. 일반적인 아파트에서는 300 x 300mm, 300 x 600mm 사이즈의 사각 타일을 가장 많이 선호한다. 벽에는 무광택의 밝은 계열 타일을 사용하고 바닥은 벽보다 조금 어두운 계열의 타일을 사용하면 공간이 조금은 넓어 보이며 청결해 보이는 효과가 있다. 물을 사용하는 공간이므로 바닥 타일을 고를 때는 미끄러지지 않는 '논슬립' 타일을 사용하는 것이 좋다. 만져보면 표면이 까슬까슬한 제품이 있는데 이게 논슬립 기능이 있는 타일이다.

타일 선택 시 벽, 바닥 타일을 항상 같이 놓고 어울리지는 재차 확인해야 한다. 같은 크기의 타일을 가지고 배치를 달리해 헤링본, 벽돌, 직선 형태의 패턴을 만들어 다른 느낌을 줄 수 있다. 타일의 크기와 패턴을 선택했다면 선택한 타일을 두고 메지(줄눈) 샘플 색상을 선택하는 것도 중요하다. 욕실에서의 타일은 선택해야할 요소들이 많다.

10년 이상 된 곳의 욕실 공사는 어떻게 진행하면 좋을까? 대부분 욕실 공사를 한다면 가격도 저렴하고 먼지와 소음 발생도 적은 덧방 시공(기존타일에 새 타일을 붙이는 시공)을 선호한다. 하지만 무조건 덧방을 할 수는 없다. 보통 한 번 이상의 덧방 시공은 하지 않는다. 덧방 시공을 계속하는 만큼 공간이 좁아지기 때문이다. 특히 바닥의 경우 문턱과 단차가 줄어들면서 욕실화가 문에 걸리거나, 최악의 경우 물이 욕실 밖으로 새어 나올 수도 있다. 그러니 10년 이상 된 아파트라면 철거 후 재시공을 하는 것이 좋다. 다만 비용은 덧방 공사보다 철거비, 폐기물 처리비, 방수비용으로 덧방 시공보다는 비싸다.

✔ 오물은 어떻게 처리하나요? (욕실의 설비)

욕실 배관은 물을 공급해주는 급수 배관과 사용한 물을 흘려버리는 배수 배관으로 나눈다. 급수 배관은 상수 배관이라고도 하며, 파이프 내에 물이 항상 차 있는 상태에서 압력을 이용해 평상시에 가둬 놓은 밸브를 열어서 물을 사용하는 원리이다. 항상 물이 채워져 있어 수압이 있기 때문에 진행하는 방향으로 경사도는 관계없이 오직 밸브의 열림과 닫힘으로 물이 나오며, 급수 파이프 라인은 냉수, 온수 두 가지로 나누어진다.

사용한 물을 흘려버리는 배수 배관은 생활하수 배관과 오수 배관으로 나뉜다. 생활하수 배관은 세면기와 샤워기, 욕조, 욕실 바닥에서 사용한 물을 흘려버리기 위해 사용되며, 오수 배관은 양변기에 연결되어 배설물을 정화조로 배출하며, 파이프 관경은 생활하수 파이프보다 더 커야 하고 필히 독립적으로 배출해야 한다. 배수 파이프는 중력 원리를 이용하기 때문에 배출 방향으로 적절한 기울기가 중요하다. 배수관에서 올라오는 악취는 인체에 치명적이므로 배수 파이프 배관에서 중요한 것은 악취를 가두고 배수관 재유입을 방지하는 것이며 위생기구에서 트랩을 이용해서 폐수가 갇혀 있어야 한다.

√ UBR 욕실이 뭔가요?

일본에서 많이 쓰는 유닛 베스룸(unit bath room)은 유리 섬유 강화플라스틱으로 만든 바닥, 벽체, 천장 패널 각각을 현장에서 접합해 완성한다. 접합부를 갈아내기에 이음매가 드러나지 않고 한 몸인 듯 깔끔하다. 현장에서 조립하다 보니 시공자의 숙련도에 따라 품질에 차이가 있고 누수가 발생하기도 한다. 누수가 있을 시 바닥만 철거할 수 없으며 바닥에서 천장까지 철거·방수·배관 공사를 모두 다시 해야 한다. 따라서 비용은 일반 욕실공사에 비해 더 들어간다.

√ 좁은 욕실 세련되게 사용하는 법

집의 규모가 작아 샤워실, 세면대가 전부인 평범한 인테리어의 욕실이라도 얼마든지 깔끔하고 세련되게 꾸밀 수 있다. 가장 기본적인 화이트 톤을 사용하여 심플한 느낌을 줄 수 있다. 벽과 바닥에는 일반적으로 타일을 사용하지만 벽에 페인트를 사용하여 세련된 감성을 살릴 수 있다. 보통 욕실은 습도가 높아 습식 공간으로 사용되지만 유리 벽면을 이용해 욕실 전체 공간과 샤워 룸을 분리하면 반건식 욕실도 가능하다. 또한 세면대를 욕실에서 분리하여 건식으로 사용하는 경우 세련된 느낌을 줄 수 있다.

다양해진 욕실 액세서리

일반적으로 욕실에는 양변기, 세면기, 수전, 욕조 또는 샤워부스 등이 있다. 최근에는 욕실의 기능 중 휴식이 차지하는 부분이 커지면서 욕실을 부차적인 공간이 아니라, 독립된 공간으로, 힐링을 위한 공간으로 여기게 되어 더욱 기능적으로 사용자의 요구를 반영한 인테리어가 나타나고 있다. 욕실 제품은 욕실 공간 내 기능에 따라 우수한 디자인과 사용자의 편의성, 안정성 이 세 가지 기본 조건을 모두 충족해야 한다. 또한 욕실 공간은 다른 공간에 비해 협소한 경우가 많기에 효율적인 수납공간과 사용자를 배려한 실용적인 디자인이 필요하다.

양변기는 물탱크가 몸에 붙어 있는 원피스 타입과 떨어져 있는 투피스 타입이 있다. 원피스는 물탱크와 몸의 이음새가 없어 위생적이고 물이 내려갈 때 소음이 적은 고급 도기류이다. 그러나 가격이 투피스 타입에 비해 비싸다는 단점이 있다. 따라서 일반적으로는 투피스 형태의 양변기를 가장 많이 사용한다. 세면기는 물을 담을 수 있는 '세면 볼'과 '다리' 부분으로 나뉜다. 세면기 다리는 배관을 가려주는 커버 역할을 하는데 긴다리 형태와 반다리 형태 두 종류로 나누어져 있다. 배수구의 위치에 따라 배수구가 바닥에 있으면 긴다리 세면기, 벽에 있으면 반다리 세면기를 사용한다. 수전은 세면기와 별도로 구입을 해야 하며 샤워 수전과 욕조 수전 역시 별도로 구입해야 한다. 세면기용 수전의 경우 수전의 높이가 중요하며 낙차가 너무 크다 보면 볼 형태의 세면기라면 밖으로 물이 튀어나가는 상황이 생기기도 한다. 샤워용 해바라기 수전의 경우 기본 수압이 좋아야 설치 가능하다. 그 외 액세서리로는 수건걸이, 휴지걸이, 컵대, 비누대, 옷걸이(훅)가 있으며 보통은 휴지걸이와 수건걸이만 하는 경우가 많다.

⟪ 재충전의 공간, 욕조 vs (워크인) 샤워 공간

보통 샤워부스를 설치할 때는 대부분 욕조를 떼어내지만, 최근 평형이 작은 아파트도 욕실 2개를 두는 곳이 많아지면서 욕실 한 군데는 욕조를 설치하는 경우가 많아지고 있다. 욕조의 종류는 조적욕조(타일 욕조), 매립식 욕조, 프리스탠딩 욕조 3가지로 나누어 볼 수 있다.

조적 욕조는 목욕탕을 떠올리면 쉽다. 벽돌을 쌓아 형태를 만들고, 도기 없이 바닥에 닿는 방식이다. 때문에 방수처리가 중요하며 타일 마감을 통해 욕실 구조의 하나로 만들어진다. 아이들이 있어 넓은 욕조를 만들거나 족욕을 즐기고자 하는 경우 다른 욕조에 비해 원하는 사이즈로 조절하여 만들 수 있다. 매립식 욕조는 가장 일반적인 욕조로 욕조 도기를 넣어 두고 벽돌을 쌓은 후 욕조 측면은 에이프런이라 불리는 마감재를 붙이거나 타일을 붙여 마감하는 방식이다. '욕조의 로망'이라 불리는 프리스탠딩 욕조는 이동식 욕조, 거치형 욕조로 다양하게 불린다. 고급스러운 분위기를 낼 수 있지만 매립식에 비해 가격이 비싸며 수전과 하수구, 욕조의 위치가 맞아야 하기에 배관공사까지 필요할 수 있다.

욕실에서 워크인 샤워 공간은 별도 공간으로 분리하기도 한다. 유리나 커튼으로 샤워 공간을 분리하면 습도와 공기 온도를 유지하여 욕실을 따뜻하게 쓸수 있기도 하다. 최근에는 습식욕실이라도 물이 밖으로 넘치지 않게 별도로 샤워 공간을 만들기도 한다.

샤워 공간을 분리하는 유형은 샤워부스, 유리 파티션, 가벽 활용 등 3가지로 나누어 볼 수 있다. 샤워부스의 경우 건식 욕실을 만들거나 최대한 물기가 없는 욕실 상태를 유지하고 싶은 경우 사용하며 샤워기가 있는 쪽에만 유리벽을 세우는 유리 파티션은 작은 욕실에 사용하기 적합하다. 아이나 노인이 있는 경우 유리 사용에 위험 부담이 있는 경우라면 하단은 벽을 만들고 위에는 유리를 시공하는 가벽 파티션도 괜찮다. 하단부는 벽으로 물이 나가는 것을 막을 수 있고, 유리 부분이 적은만큼 깨질 위험 부담도 적다. 그러나 하단 벽으로 인해 욕실공간이 좁아 보일 수 있다.

빌트인 가구 (욕실장)

욕실은 주방 못지않게 수납할 것들이 많다. 수건, 휴지, 세안용품, 샤워용품 등을 깔끔하게 정리해야 하는 것은 물론 물건이 떨어지지 않도록 해야 하며 물기가 닿지 않도록 해야 하는 것들도 있다. 욕실장은 설치하는 부위와 형태에 따라 상부 부착형, 하부 부착형으로 나뉜다. 상부 부착형은 세면대 위 벽면에 부착하는 형태로 문에 거울을 달거나 문이 없는 선반 형태도 있다. 아파트에는 2면 수납장의 미닫이문에 거울이 부착된 제품이 가장 일반적이며 최근에는 스마트 거울를 개발해 날씨나 시간을 표시하는 기술이 적용되어 휴식의 질을 한 층 높이고 있다. 하부 부착형은 세면대 배관을 가려주는 동시에 세제, 청소 도구를 수납할 수 있는 공간을 만들 수 있다. 안에 배관이 지나가므로 겉에서 보는 것에 비해 실제 수납공간은 좁다.

젠다이 설치 여부

세면대 뒤에 벽돌을 쌓아 선반을 만든 것으로 물건을 간단히 올려둘 수 있어 편리하지만, 물건을 자꾸 올려둬서 지저분해진다는 이유로 설치하지 않는 사람들도 많다. 하지만 젠다이가 반드시 필요한 경우가 있다. 바로 세면대 위에 상부장을 설치하는 경우이다. 상부장이 튀어나와 있는데 세면대가 바로 벽에 붙는다면 머리를 상부장에 부딪힐 가능성이 매우 높다. 따라서 상부장을 다는 경우 젠다이 시공을 하는 것이 좋다. 젠다이를 시공하는 경우에는 세면대 뒤쪽에만 할지, 변기까지 연결할지를 고려하여 설치해야 한다.

우아한 욕실의 오브제 '조명 & 거울'

욕실 조명은 정리를 하는데 필요한 작업 조명과 거울 사용을 위한 포커스 조명, 벽 조명을 이용한 간접조명을 주로 사용한다. 벽의 간접조명은 벽면을 최대한 밝게 하여 천장에 그 흔한 다운라이트가 없더라도 간접조명 하나만으로 사용이 많은 세면대와 변기에 충분한 조도를 제공할 수 있다. 밤에 욕실을 가더라도 눈부심이 차단되며 깔끔하면서 심플한 공간을 유지할 수 있다. 한쪽 벽 끝으로 붙인 벽 조명(브라켓)은 사용자가 손을 씻을 때 본인 그림자가 세면대에 떨어지는 것을 막는 가장 좋은 방법이기도 하다. 욕실은 그 다른 어떤 공간보다 명확한 기능을 가진 공간이라 반사율이 높은 거울이 반드시 존재한다. 벽에 설치된 간접조명과 거울에 그대로 전달되는 빛은 좁은 욕실을 훨씬 더 넓게 느껴지도록 도와준다. 세면대 거울에 조명을 설치하면 거울과 조화를 이루어 깨끗한 느낌을 준다. 주의할 점은 등 기구 위치가 얼굴의 일부만 비추면 그

림자를 생성하기 때문에 거울 측면에, 대략 눈높이에 조명을 배치해야 그림자가 줄어 들 수 있다.

힐링을 위한 필수 조건

욕실은 정화, 배설 공간일 뿐만 아니라 화려한 목욕 용품, 다양한 향의 방향제, 세정제, 그 외 양초 등을 사용해 미묘한 분위기를 풍기는 공간이자 물을 사용하는, 신성한 상징성을 띤 공간으로 만들 수 있다. 요즘 욕실은 가장 기능적인 공간이자 감성을 전달하는 공간이다.

욕실에 가장 크게 변화를 줄 수 있는 부분은 의외로 많은 사람들이 신경을 쓰지 않는 '수건'이다. 축축하고 너덜너덜한 수건 대신 뽀송뽀송한 수건만 걸어놓아도 청결한 느낌을 줄 수 있다. 이처럼 욕실에서의 사치는 사소한 것에서부터 누릴 수 있다. '비누'는 매일 자신의 몸을 씻는 데 쓰인다는 점을 기억하고, 사용했을 때 기분이 좋아지는 것을 선택하고, 욕실에 '향초'를 놓으면 공간에 차분한 분위기를 더 할 수 있다. 인공적으로 향을 가미한 초나 방향제보다는 천연 향을 사용하면 더 공간의 분위기를 바꿀 수 있으며, 또 습한 실내 공기를 정화하기에도 좋은 방법이 될 수 있다.

√ **어려운 욕실 인테리어 용어**
- **메지** : 타일의 줄눈을 의미
- **양중** : 인테리어 자재를 나르는 작업
- **양생** : 타일 붙이기가 완료 되었다면 잘 붙어주기를 기다리는 시간
- **구배** : 하수구 쪽으로 물이 잘 흘러가도록 만든 기울기를 뜻하는 말
- **젠다이** : 선반. 보통 세면대 뒤쪽의 단을 지칭
- **유가** : 배수구에 부착하는 철물로 하수구 덮개. 이물질이 빠지지 못하도록 하며 악취 방지
- **코너비드** : 기둥이나 모서리 부분을 보호하기 위해 붙이는 쇠붙이

발칙한 공간,
발코니

아파트에도 툇마루가 있다!

세기의 연인 올리비아 핫세가 주연한 영화 '로미오와 줄리엣'에서 줄리엣이 로미오의 사랑 고백을 듣던 곳, 바로 '발코니'이다. 건물 외벽에 툭 튀어나와 있다 해서 '돌출형 발코니'라 불리며 유럽에서는 아주 흔한 주택양식이다. 발코니는 건축물의 내부와 외부를 연결하는 완충공간으로 전망, 휴식 등의 목적으로 건축물 외벽에 접하여 부가적으로 설치되는 공간을 말한다. 사실 우리나라에도 발코니 문화는 예전부터 존재하였다. 바로 '툇마루'라는 공간이다. 사실 툇마루는 실내이기도 하고 실외이기도 한, 어중간하게 구분이 없는 공간이다. 아파트도 툇마루와 비슷한 역할을 하는, 크기는 각각 다른 베란다를 갖추고 있다. 국내에서는 1958년경부터 공동주택에 베란다가 설치되기 시작했으며 이후 면적 사용을 극대화하기 위한 수요층의 요구가 높아지면서 실내 공간의 일부로 자리 잡기 시작했다.

유럽에서의 발코니는 집안과 집밖의 영역 사이에 위치한 틈새 공간으로 거주자는 집안, 즉 집안에 머물면서도 동시에 바람을 쐬며 야외에 나와 앉아 있을 수 있으며 예기치 않은 손님이 지나갈 때는 잠시 앉아서 인사를 하는 역할도 한다. 그러나 우리나라의 발코니 활용은 너무 빈곤하다. 외부에 하늘이 시각적으로 노출되어야하지만 모두 샤시로 폐쇄되어 있으며 이로 인해 주변 환경을 무미건조하게 만든다. 이곳은 이제 단순히 빨래를 말리는 장소이자 피난경로 정도로만 사용된다.

우리나라 아파트 대부분이 획일적으로 느껴지는 이유는 발코니 샤시 때문이다. 샤시가 시야를 차단해 사적 생활 내용을 외부에 시각적으로 드러낼 만한 공간들이 철저히 배제되어 있으므로 모두 동일해 보이고, 이게 곧 획일적이고 삭막한 풍경으로 이어지게 된다.

유럽, 일본에서는 오래 전부터 발코니를 주택면적에 포함시켜 왔다. 하지만 우리나라는 장독대나 마당 등을 사용하던 문화적 특성을 고려해 발코니를 서비스 면적으로 간주한다. 발코니 폭의 기준도 1.2~2m까지 다양하게 변해 발코니 폭으로 아파트의 건축 시기를 알 수 있을 정도이다. 1980년대에는 1.2m까지 발코니로 규정했으나 피난 등을 주요 기능으로 하는 1m가량 폭의 발코니를 마당이나 장독대 등을 사용하는 국내 주거문화에 적용하기에는 다소 좁은 면이 있었다. 지금은 보기 드문 2m의 광폭 발코니가 2002~2005년에 허용된 이유이기도 하다. 이후 현재는 다소 줄어든 1.2m로 정해져 있다.

(폭 1.2m) 의미 없는 확장

작은 생활 장소에 최소한의 생활공간을 갖추기 위해 발코니 확장을 하기도 한다. 발코니 확장은 아파트에 서비스로 제공되는 발코니 면적을 거실 또는 방의 용도로 전환해 사용하므로 실 면적이 늘어나 공간을 넓게 사용할 수 있다. 보통 전용 85m²을 기준으로 12~16m²(4~5평)가량 면적이 늘어나니 발코니 확장은 이제 선택이 아닌 필수로 자리 잡은 상태이다. 그러나 이런 발코니 확장도 남들이 하는 필수 공사여서, 혹은 내가 사는 공간이 무작정 작다고 생각해서 의미 없는 확장을 하기보다는, 발코니를 잘 활용하여 보다 풍요로운 공간을 만드는 것이 중요하다.

요즘에는 거실이나 침실에서 발코니가 보이는 집도 많은 편이다. 커튼을 열어 눈에 보이는 곳까지 전부 자신이 생활하는 공간이자 방으로 생각한다면 발코니도 소홀히 하면 안 된다는 사실을 알 수 있다. 발코니 전체에 우드를 깔고

실외용 식물과 작은 테이블과 의자를 두면 단순한 창문에서 방의 깊이를 더욱 확장시키는 공간으로 변신한다. 방도 넓게 느껴지고 밖에서 지내는 시간처럼 느껴져 조금은 호화스러운 기분을 느낄 수 있으며 실내공간에서의 생활을 더욱 풍요롭게 보낼 수 있는 역할을 하기도 한다. 발코니는 실외이자 실내인 '툇마루' 같은 장소이다. 발코니를 하나의 방으로 생각하는 사고방식 전환은 그 공간의 가치를 순식간에 올라가게 한다. 집의 내부에만 신경 쓸 것이 아니라 창문에서 보이는 먼 풍경도 자신의 개인적인 공간이라 생각하여 생활과 마음을 풍요롭게 하는 또 다른 공간으로 활용하는 것도 좋다.

나만의 케렌시아 & 한 뼘 정원

　가족과 부대끼며 살다가도 때로는 나 혼자만의 시간을 보내고 싶은 경우가 있다. 가족과 싸웠을 때, 힘든 일이 있었을 때, 혼자서 기분을 진정시키고 싶을 때. 또는 혼자서 마음을 집중해서 어떤 일을 하고 싶을 때도 있다. 이를 위해 집 안에 혼자 있을 수 있는 장소를 마련하는 것은 중요하다. 자신만의 장소이니 꼭 방이 아니어도, 아주 작은 발코니 공간이어도 충분하다. 창밖의 경치를 바라볼 수 있는 장소이며, 앉았을 때 편안하고, 내가 좋아하는 의자와 함께 한다면 집중하기도 더 좋을 것이다.

환히 다 보이는 것보다 서로의 기척을 느낄 수 있는 발코니 정도의 장소는 쾌적한 '혼자만의 장소'로 적합하다. 책을 읽고 컴퓨터를 하는 작업을 하는 장소, 혹은 취미를 즐길 장소라도 특별히 큰 도구가 필요한 취미가 아니라면 사람을 중심으로 반경 1~2m 정도의 공간이 있으면 충분하다. 집안일이 끝나면 자기도 모르게 찾게 되고 휴일에는 시간이 가는 것도 모른 채 앉아 있고 싶어지는 그런 소중한 나만의 케렌시아 장소로 발코니를 꾸며보는 것도 나쁘지 않다.

창을 열고 밖을 바라보면 왠지 모르게 상쾌할 때가 있다. 그 공간에 잠시 앉아 커피 한잔, 물 한잔을 마셔도 하루의 시작과 끝을 편하게 맞이한다. 우리는 그런 공간을 일부러 찾아다니기도 한다. 그러나 멀리 찾아가지 않아도 집안에 그런 공간이 있다면 어떨까?

오픈 되어 있는 발코니가 있으면 더없이 좋겠지만, 미세먼지가 많은 날에는 테이블과 의자에 앉아서 좋아하는 음악을 들으며 온실 정원 발코니를 바라보면 어떨까? 일상에서 찾을 수 있는 힐링 공간이 될 것이다. 한 뼘 정도의 온실 정원은 크게 많은 걸 바꾸지 않아도 크고 작은 녹색 식물로 꾸밀 수 있다. 무조건적인 확장보다는 외부 발코니 쪽으로 블라인드를 설치하고 작은 책상과 의자 등으로 집중하기 좋은 독립된 공간을 만들고 온실 정원을 꾸며두면, 이것만으로도 발코니는 마술 같은 공간을 연출 할 수 있다.

✓ 날개벽 꼭 없애야 하나요?

발코니 양쪽에 조금 튀어나오는 '날개벽'은 내력벽으로
철거가 불가능한 경우도 있다. 또 철거가 가능하더라도
철거 없이 날개벽을 살리고자 생각을 조금만 바꾸면 독
특하고 유용한 공간을 만들 수 있다. 일반적으로 날개벽
은 벽, 천장이 직선으로만 구성된 게이트 형식이지만 아
치형(곡선) 게이트로 만들거나 날개벽에 맞추어 발코니
부분을 평상으로 올려 연출한다면 오히려 공간의 포인
트로 연출할 수 있다.

✓ 발코니 확장 한다면! 이것만은 확인하자

처음부터 확장형 평면 설계로 지어진 새 아파트는 단열 기술을 적용하고 별도의 수납공간 또한
제공하여 기존 아파트의 여러 단점들을 많이 보완한 상태이다. 그러나 오래된 아파트의 경우 거
주자가 개별적으로 발코니 확장을 하려고 보면 단열재 및 결로 방지를 위한 샤시나 이중창이 제
대로 설치되어 있지 않을 수 있다. 이런 경우라면 모든 발코니를 확장하기보다 방에 붙어있는 발
코니는 그대로 두고 '부분 확장'을 선택하는 것이 좋다.

확장 공사를 할 때 공사 금액이 비싸다는 이유로 기존 타일 위에 마감만 다시 하는 경우가 있다.
이는 바닥 난방 공사 없이 바로 발코니 확장만 하는 것을 의미한다. 이렇게 하면 확장 부분 바닥
만 추운 것이 아니라 벽과 천장의 단열도 되어있지 않기에 겨울철 바깥 공기와의 급격한 온도 차
이로 결로가 발생하게 된다. 결로 현상이 생기면 집안에 곰팡이가 발생 할 수 있으므로 단열 보강
이 중요하다. 단열과 난방 공사를 하기 전에는 우선 발코니 외부 샤시 상태를 확인하고, 단창이거
나 단열이 되지 않는다면 교체해야 한다.

그 다음 보일러 용량을 체크한다. 확장하는 공간까지 보일러 용량이 넉넉한지 반드시 확인하고
아닐 경우 더 높은 용량의 보일러로 교체가 필요하다. 또 앞서 말한 바닥뿐만 아니라 벽, 천장까
지 단열을 꼼꼼히 신경 써야 한다. 보통은 벽 단열에만 신경을 쓰는데 천장 단열 또한 중요하다.
특히 윗집이 확장공사를 하지 않은 경우, 우리 집 발코니 확장 공간 위는 차가운 공간이므로 온도
차 때문에 추위와 결로, 곰팡이 문제가 발생할 수 있기 때문이다.

사적이고 은밀한
비밀의 방

(안)방의 의미는 무엇일까?

모든 아파트의 가장 큰 방을 안방이라 부른다. '안방'이라는 말은 한국 사람만 쓰는 말로 번역이 불가능하다. 침실은 베드룸(bedroom) 말 그대로 '자는 방'이다. 그럼 안방이란 무슨 뜻일까? 국어사전을 검색하면 '집에 딸린 방 중에서 중심이 되거나 어른이 거처하는 곳' 혹은 '안부인이 거처하는 방'이라고 나온다.

아파트 평면에서 안방을 설계하는 원칙은 현관에서 가장 먼 안쪽에 위치하며 남향으로 배치되며 가족들에게만 허용되는 공간이다. 또한 집안일 중 살림을 모두 관리하는 생활의 중추가 되는 공간이기도 하다. 아파트의 안방은 부부 침실일 뿐 아니라 좌식생활 공간임을 전제로 가족들이 수시로 드나드는 공간이기도 하다. 이불을 펴면 부부 침실이지만 이불을 개서 장롱에 넣으면 모여 앉을 수 있는 넓은 방이 된다. 따라서 안방은 부부 공간임과 동시에 가족 공용 공간이기도 하며 집 안의 중심 공간으로 다른 공간에 비해 면적도 넓고 채광도 좋은 남쪽으로 배치되어 있다.

지금은 안방에서 침대를 사용하는 가구가 늘어나면서 안방에 대한 관념이 흔들리기 시작했다. 웬만한 아파트의 안방은 붙박이장에 더블베드를 놓고 나면 좁아진다. 안방에 화장대를 갖춘 드레스룸을 설치하는 사례도 30평 이상의 아파트에서는 이미 보편화되었다. 여전히 아파트 모델하우스에서 안방은 남쪽에, 부부 침실로 설계하고 있으며 가장 좋은 부부 전용 욕실과 드레스룸을 갖추고 있다. 하지만 맞벌이의 경우 부부 침실은 주로 저녁 시간 이후에 사용되는 공간이다. 굳이 채광 조건이 가장 좋은 방을 부부 침실 전용 공간으로 사용할 필요가 없다. 표준적인 설계 원칙은 더 이상 성립하지 않는다. 드레스룸과 부부 전용 욕실을 두어야 한다는 설계규범도 다시 생각해야 한다.

1인 가구가 늘어나면서 아파트는 부부와 자녀들이 사는 집 외의 구조로 변화되고 있다. 안방을 부부 전용으로 사용하는 집도 있지만 자녀 공부방으로, 혼자 사는 사람의 경우 작업실이나 취미실로 사용하기도 한다. 집에서 제일 큰 방은 가급적 여러 가지 경우에 대응할 수 있는 다목적 공간으로 새롭게 구성해야 한다. 안방은 다양해지는 가구 형태와 더불어, 각자 거주자들의 삶을 담아낼 수 있는 거실 같은 통합 공간으로 변화하고 있다.

침실의 간소화

침실의 구성은 점차 간소화되고 있다. 커다란 장롱은 드레스룸으로 대체되었고 화장대는 파우더룸으로 자리를 옮겼다. 현대인의 침실엔 그저 커다란 침대와 사이드 테이블(사실 이 작은 가구조차 거추장스러운 이들은 침대 양옆에 작은 선반을 다는 것으로 생략한다), 은은하게 불을 밝히는 조명 정도가 전부다. 그만큼 아늑해진 침실에는 가구의 배치와 마감재 등이 중요한 사안으로 떠올랐다. 예전엔 침대를 한쪽 벽면에 붙여 공간을 최대한 활용하려 했지만 침실의 기능이 쾌적한 수면에 초점이 맞춰진 이후부터 침대가 방의 중앙을 차지하게 됐다.

수면을 취하는 침실은 안락함, 아늑함이 필수다. 이에 맞춰 침대는 물론이고 컬러와 조명, 패브릭 등의 조화를 다소 단순하고 은은한 분위기로 연출할 필요가 있다. 그런가 하면 침실의 부가적인 기능을 고려하는 것도 중요하다. 평형대가 작은 집이라면 TV를 보는가 하면 컴퓨터를 둔 작업공간을 들이기도 한다. 따라서 주거자의 라이프스타일을 충분히 생각해보고 원하는 기능을 흡수할 수 있도록 침실 구조와 가구 배치를 생각해 볼 필요가 있다. 특히 최근에는 침대를 배치한 메인 공간을 줄이는 대신 구획을 나눠 침실 내부에 '드

레스룸'을 설치하기도 한다. 이 형태를 갖추기 위해 가벽을 세우고 독립된 코너를 구성하게 되는데, 이때 구조물이 침실 채광에 방해되지 않도록 하는 것이 중요하다.

나만의 별실 ○○방

벽과 문으로 구분되는 많은 공간 중에 나만의 별실 하나 정도는 필요하지 않을까. 이 별실은 나의 존재를 대변할 물건들로 가득할 것이고 장식품과 서적, 예술작품까지는 아니지만 소장하고 싶은 물건들로 나의 취향을 보여줄 것이다.

유럽에서는 15세기 무렵 부유한 귀족들이 침실과 가까운 곳에 방을 따로 만들어 귀중품을 보관하면서 별실이라는 공간을 만들었다 한다. 이곳은 침실보다도 더 비밀스러운 공간으로 주로 기도를 하거나 독서, 명상을 즐기는 곳으로 활용하기도 했다. 지극히 사적인 용도로 쓰이던 이 별실은 곧 보석, 악기나 서적 등으로 채워지기 시작했고, 또 남에게 보여줄 필요가 없는, 들키고 싶지 않은 비밀스러운 취미를 즐기거나 내밀한 시간을 보내기에도 완벽한 장소가 되었다. 이 매력적인 공간은 점차 현대적 의미의 서재가 되거나 갤러리 공간으로 변하기도 한다. 그러나 지금의 서재는 혼자만의 내밀한 시간을 보낼 수 있는 장소, 일상생활과 분리된 공간으로서의 역할은 크게 축소됐다. 홈오피스의 보편화로 서재의 역할이 확연히 줄어든 것이다. 책장과 책상이 있던 독립된 방은 아예 집 안에서 사라져 일상과 업무가 혼재된 기이한 공간으로 변했다. 책장과 책상 없이도 와이파이 하나만으로 거실 한편에 테이블과 노트북만으로 일을 하거나 침실이나 작은 공간 파티션 하나로 공간을 분리해 사용하는 경우도 있다. 우리 집 일상 중 하나인 홈오피스는 고독과 사색의 별실 공간을 더 필요로 할지 모른다. 코로나 등의 전염병으로 인해 재택근무가 필요해졌으며 결국 집은 생활과 휴식, 업무와 여가의 공간이 함께 존재한다. 집에서 일하는 공간이 늘어난다는 것은 여가와 휴식을 보내는 사적인 공간도 필요하다는 말과도 같다.

(유아) 놀이터 같은 방 & (아동) 유혹의 방

유아방(7세 이하)의 디자인은 참 어렵다. 어떤 위치, 어떤 구성, 어떤 색깔, 어떤 자재, 어떤 조명, 어떤 가구 등 더 많이 생각하게 된다. 유명 인스타의 아이 방 인테리어를 보면 아이의 눈높이에 맞는 색상과 파스텔 톤을 사용하고 아기자기한 조명에 예쁜 장난감이 곳곳에 있는 방 또는 큰 책상과 책장을 갖춘 공부방으로 꾸며져 있다. 이들은 아이들이 자라면서 변신 가능한 공간보다는 '지금 시기'에 적합한 공간이다. 유아일 때와 아동일 때, 과연 어떤 방으로 만들어야 할까? 요즘 잘 나가는 업무 공간에서는 '놀이터 같은 일터' 개념을 도입한다. 상상하고 놀이하고 작업하면서 창의성과 자발성을 자아내는 놀이터로 일터를 변화시킨 것이다. 성인이 이런 일터에서 일하기를 꿈꾸듯 유아의 방도 놀이터 공간으로 익숙해져야 하지 않을까? 놀이터 같은 방은 사실 어질러져 있는게 당연해 보이고, 마구 쌓아놓기 쉽고, 쉽게 끄집어낼 수 있으며, 여기저기붙일 수 있고, 더러운 곳도 쉽게 닦으며 몸을 크게 사용해도 부딪치지 않으며, 자연의 소재가 많이 사용되고, 아이들이 사용하는 작업 도구들도 가까이 있어야 하는 등 많은 것을 고려해야 한다. 결국 아이가 뭐든 스스로 해보게 하고, 같이 하고 싶게 만들고, 다양한 생각을 할 수 있도록 '스스로 깨닫고 배우고 공부하고 상상하게 만드는 방'이 되어야 한다.

그렇다고 아동방(7세 이상)이 어딘가 부족한 곳 없는 완벽한 방이어서 오히려 방 밖보다 방 안에서 더 재미를 느껴 아이가 나오지 않는다면 이 또한 부모는 걱정이 될 것이다. 아이가 문을 닫기 싫어해도 걱정, 문을 잠가도 걱정, 나오려 들지 않아도 걱정, 자꾸 나오면 그것대로 걱정이다. '방'이기 때문에 생기는 문제들이다. 아이들이 어느 정도 나이가 될 때까지는 방은 들어가고 싶은 곳 이상으로 나오고 싶은 곳이 되는 게 좋다. 즉, 방 안보다 방 밖이 더 재미있다고 느끼는 게 좋다. 밖에서 들려오는 소리에 귀를 쫑긋하고, 아른거리는 사람의 그림자를 느끼고, 뭔지 모를 존재감을 느끼는 육감까지 발동하면 아이들은 '목마르다고 하면서 나가볼까? 화장실에 가고 싶다고 나가볼까?' 등 많은 생각을 하며 방에서 나오고 싶어 한다. 이들이 방 밖으로 나오고 싶은 이유는 가장 신나는 장난감이 있고, TV를 보고 싶고, 같이 먹고 싶고, 누가 왔는지 알고 싶고, 내가 좋아하는 게임도 하고 싶기 때문이다. 자기 방에 틀어박혀 자기 세계에만 흠뻑 빠지는 것은 때가 있다. 그때까지는 방 밖으로 나오고 싶게 하며 놀이를 '모두 같이 하는 것'도 괜찮지 않을까.

(사춘기) 비밀의 방

자신만의 방이 필요한 사람은 어른만이 아니다. 사춘기 아이 방도 필요하다. 방이 생긴다는 것은 공부방만을 의미하는 것은 아니다. 사실 부모의 고민은 사

춘기 아이 방이 '어떻게 해야 공부를 잘 수 있는 방을 만들까, 어떻게 해야 집중할 수 있는 방이 될까'로 시작한다. 그러다보니 대부분 부모의 취향대로 방이 꾸며져 있는 경우가 많다. 즉, 내가 원하는 공간이 아닌 부모가 생각하는 방이 되는 것이다. 그러나 과연 이런 방이 사춘기 아이에게 가장 좋은 방일까? 사실 나의 경우 중학생이 되어서야 비소로 내 방이 생겼다. 남매라는 이유, 그리고 다른 아이보다 성장이 빨라 더 이상 남동생과 같은 방을 사용하기 어려웠기 때문이다. 나만의 방이 생겼을 때 그 설렘은 독립되었다는 생각과 가장 친한 친구들을 초대하고 그들과 함께 시간을 보낼 수 있다는 것도 의미한다. 덕분에 매일같이 내 방 꾸미기는 행복한 일상이 되기도 했다. 방을 스스로 꾸미고 바꾼다는 것은 내가 원하는 것이 무엇인지 알게 되는 과정이기도 하다. 나만의 공간을 가진다는 것은 부모의 간섭 없이 내가 원하는 대로 나만의 비밀 공간을 의미하기도 한다. 아이의 사춘기 시기만큼은 자신만의 비밀 공간을 마련할 수도 있도록 배려하고, 아이의 자아의식과 안정감, 신뢰감을 만들어 주는 것도 중요하다.

(성인) 따로 또 같이, 셰어하우스처럼

셰어하우스는 새로운 주거 형태로 가족이 아닌 타인끼리 모여 사는 집을 의미한다. 이런 새로운 형태의 집이 생기는 이유는 싱글 가구가 계속 늘어나고 이런 싱글들이 감당하기에 집값은 너무 비싸고 원룸조차 부담되기 때문이다. 이런 환경을 고려했을 때 여럿이 한 집을 공유하는 셰어하우스는 경비가 적게 들고 안전하고 필요한 기간만큼 살 수 있고 유사시 동거인들이 서로 돌봐줄 수 있는 '사회적 가족' 역할을 할 수도 있다. 우리 문화에 집이란 '가족이 같이 사는 곳'이라는 가족주의의 영향이 남아있다. 성인이지만 독립하기에는 이른 나이, 밖에서 보내는 시간이 많지만 독립하기에는 가사 노동 부담으로 힘들어 한다면 가족과 집을 '공유'하여 사는 것도 나쁘지 않다. 각자의 방은 독립적이지만 거실과 주방, 욕실, 세탁기를 공유하고 가사 부담은 나눠서 또는 돌아가면서 하고 경비 분담도 확실하게 한다. 일정한 시간 하루 저녁은 다 같이 가족과 보내는 시간을 가지며 성인 자녀와 함께 사는 집을 셰어하우스처럼 서로의 책임과 의무를 확실히 정의하고 지킨다면 가족 간의 불필요한 간섭이나 참견, 갈등은 훨씬 줄어들 것이다. 처음으로 혼자 독립하여 산다는 것은 짜릿하고 새로운 경험이지만 독립이 어렵다면 셰어하우스처럼 살며 부모의 생활양식과 나의 생활을 뚜렷이 구분하고 새로운 것을 시도하는 것도 부모로부터 독립된 내 인생의 첫 단계가 될 수 있다.

5

인테리어 상상을 현실로,

바꾸는 법

톤 앤 매너

톤은 무엇을 말할까? 사용된 여러 가지 색들 사이의 명암과 색채 그 차이를 톤이라 하며 매너는 회화에서 사용하는 용어로 방식 또는 화풍을 의미한다.

디자인 작업 과정에서 '톤 앤 매너'를 결정한다고 한다면 공간에 대한 특징 또는 성격을 표현하는 방식을 말하는 것이다. 그렇기 때문에 조금 더 디테일하게 고민해야 한다. 컬러와 자재, 가구 등 형태로 공간의 성격을 드러낸다고 생각하면 이러한 것들이 전반적으로 조화로울 때 '나의 취향이 반영된 공간'이 완성된다. 톤 앤 매너를 맞추는 것은 기본적인 메인 컬러와 자재를 선택하는 것에서부터 시작해 이것을 어디까지 적용하여 만들어야 할지 결정해야 한다. 즉, 톤 앤 매너를 정하는 것은 공간에 어필하고 싶은 나의 취향 이미지를 담아 가는 과정이다.

'아무거나'에서 벗어나는 법

오늘도 우리는 인테리어 컬러 선택을 앞두고 고민을 한다. 유행하는 컬러에는 대단히 민감하지만 막상 내가 좋아하는 컬러에 대해서는 잘 생각하지 않는다. 인테리어를 하다보면 모든 사람들이 유행 컬러를 사용하는 것은 아니다. 사는 연령에 따라 선호하는 컬러가 다르고 살아오면서 어울리는 컬러를 찾기도 한다. 선택의 기준은 인테리어 업체도 아니며 인스타에서 유행하는 컬러도 아닌 바로 '나'이다. 최적의 컬러 선택을 위해 내가 좋아하는 컬러는 무엇인지 알아야 하며 그 컬러가 내 삶에 어떤 의미와 역할을 하는지 알아야 한다.

그럼 나에게 가장 편안함을 줄 수 있는 컬러를 찾기 위해 가장 먼저 할 수 있는 것은 무엇이 있을까? 내가 입는 옷이나 쓰는 일상적인 용품들은 물론이고, 살고 있는 집 주변 환경의 모든 색을 살펴보는 것이다. 그리고 왜 그 컬러를 좋아하는지도 알아야 한다. 이와 같은 과정으로도 컬러 찾기가 어렵다면 앞서 드림보드에 담은 이미지를 봄으로써 내가 원하는 컬러를 찾을 수 있다. 선택이나 확신이 없어 집 전체가 '아무거나'로 인테리어되는 사태에서 벗어날 수 있는 가장 좋은 방법이다.

색 공포증

색은 강력한 힘이 있다. 활기를 줄 수도 있으며, 치유를 해주기도 하고, 위로를 주기도 하며, 우리를 즐겁게 해줄 수도 있다. 딱 맞는 색을 선택하는 것은 꽤 까다로운 작업이고, 적절한 색을 골라내는 것은 그만큼 큰 부담감을 느끼는 작업이다. 대부분의 사람들은 '색 공포증'으로 색에 대해 거부감을 갖고 있다. 사실 인테리어 초보자라면 지나치게 과감한 색을 사용하는 건 위험할 수 있다. 색을 잘못 사용하면 금방 질리거나 요란스러운 공간이 될 수 있기 때문이다. 따라서 안전하게 받아들일 수 있는 색상으로 하얀색(차가운 계열이거나 인공적인 느낌이 나지 않는 하얀색), 적당한 검정색, 어두운 계통의 탁색 정도로 중립적인 색인 *뉴트럴 색을 고르는 경우가 많다.

✓ **뉴트럴 컬러란?**

난색(빨강 계열), 한색(파랑 계열)에 속하지 않는 색 또는 무채색(검정, 회색, 흰색)을 지칭한다. 중립 색은 어느 곳에 치우쳐지지 않아 색의 균형을 유지하며, 주변색과 자연스러운 조화를 이룰 수 있다. 뉴트럴 컬러는 그 색만의 개성이 강렬하게 드러나지 않아 대부분의 장소에 어울리면서 튀지 않는다.

우리 집 '고유의 색'

집이 조화로워 보이려면 전체적인 색감이 중요하다. 메인 인테리어 컬러를
정하는데 특별한 규칙은 없지만, 여러 인테리어 관련 서적을 보면 '80대 20의

컬러 룰을 적용하라'라는 문구가 많다. 그리고 집안에서 따뜻한 느낌과 차가운 느낌을 파악하라 한다. 그러나 컬러 비율을 적용하는 것보다 중요한건 살고 있는 집이 가지고 있는 '고유의 색' 아닐까? 고유의 색은 있는 그대로의 색, '본색'을 말한다. 사실 본색을 찾는 것은 화려하게 보이는 표면적인 모습보다 집에 가지고 있는 물건들과의 어울림을 더 많이 생각해야 하는 일이다. 그러나 살다보면 일상적인 생활용품, 특히 소모성 용품은 색감이 소박한 것을 선택하기가 매우 어렵다. 집에 있는 물건을 새로 구입하면 선명하고 화려한 색이 많고 그런 색이 본래 집안의 색이나 분위기를 망치기도 한다. 예를 들면 수세미나 행주, 쓰레기봉투, 티슈조차도 화려한 색상이 많다. 나 역시 소박한 색을 좋아하며 화려한 색보다 '집 안의 따뜻함'을 줄 수 있는 색을 찾으려고 노력한다.

오래 보아도 싫증나지 않는 컬러

강렬한 컬러는 쉽게 눈에 들어오지만 보는 것만으로 눈에 피로감을 주고 쉬이 질리기까지 한다. 컬러는 면적과도 상관관계가 있어 면적이 넓어지면 같은 컬러라고 해도 더 강렬하고 더 밝게 보인다. 예를 들어 한쪽 벽을 포인트 컬러로 페인팅하기 위해 컬러칩을 보고 색을 고르고 실제로 벽에 칠했을 때 내가 원하는 색이 아니어서 당황해본 경험이 있을 것이다. 따라서 인테리어를 할 때 바닥, 벽, 천장과 같은 넓은 면적을 차지하는 컬러는 뉴트럴 컬러를 많이 쓴다. 무채색이나 뉴트럴 컬러는 자극적이지 않아서 지루할 수 있지만 비비드한 컬러보다 오래 보아도 싫증나지 않고 부담스럽지 않다.

66 사랑받는 컬러, 화이트

검은색과 흰색은 색깔로 여겨지진 않지만 그들에게도 따뜻하고 차가운 특징이 있다. 보통 흰색은 차갑고 검은색은 따뜻하다. 방 전체를 흰색으로 칠한다면 균형을 맞추기 위해 편안한 느낌이 들도록 약간의 따뜻한 색이나 다른 따뜻한 요소를 더하기도 한다. 흰색이라고 다 같은 흰색이 아니다. 따뜻한 회색 계열의 흰색(warm gray base)은 회색이 약간 섞인 베이지색 계열의 흰색으로 '따뜻한 화이트', 차가운 회색 계열의 흰색(cool gray base)은 순수한 흰색으로 '뉴트럴 화이트', 약간 푸른빛을 띤 회색조의 세련된 흰색은 '차갑고 은은한 화이트' 이다. 흰색의 경우 컬러칩과 실제 시공한 색을 구별하기 어렵고 주위의 색 또는 자연광, 조명 등으로 색이 다르게 보일 수 있다. 따라서 해당 공간의 빛이나 조명 상태에서 컬러 견본을 보는 것이 중요하며 업체별로 흰색의 이름 명칭은 각기 다르게 사용되므로 이름을 외우는 것보다는 흰색 속에 조금씩 포함된 '요소'를 파악하여 선택하는 것이 중요하다.

❝ 품격의 컬러, 블랙

블랙은 가장 우아하고 가장 클래식하며 완벽한 컬러이다. 하지만 블랙 컬러는 사용 면적이나 소재, 질감, 배색, 농도 등에 따라 전하는 가치가 전혀 달라진다.

블랙 컬러는 사실 어떤 컬러와 매칭해도 잘 어울리는 배색 중 하나이며 유행을 타지 않아 시간이 지나도 질리지 않는다. 이런 합리적인 블랙 컬러는 미니멀 라이프를 추구하는 사람들에게 어울리는 컬러이기도 하다. 블랙 컬러의 사용 면적이 넓어지면 조금 더 무게감을 더하게 되고 이 무게감이 고급 이미지를 완성한다. 하지만 주거 공간에 블랙 컬러를 많이 사용하면 분위기가 어둡게 느껴지게 되므로 적은 면적에 사용하여 블랙 컬러의 고급스러움을 더하는 것이 좋다. 한쪽 면 전체를 블랙으로 마감하기보다 강조하고 싶거나 포커스를 주고 싶은 곳을 검은 선으로 표현하는 식이다. 예를 들어 창틀, 유리문, 액자 프레임, 테이블 다리, 쿠션, 진열대 테두리 등을 블랙으로 하면 훌륭한 공간을 연출할 수 있다.

선이 아닌 면으로 접근 시 한 면 전체에 블랙을 사용할 때는 창가 주변에 사용하는 것이 좋고 반드시 화이트와 함께 사용하는 것을 권장한다. 또한 밝은 톤의 가구와 소품을 함께 배치하면 블랙에 생기를 넣어줄 수 있다.

유행 컬러 vs 자연 컬러

유행색은 소비되고 시간이 지나면 또 다른 유행색으로 대체된다. 어떤 컬러가 유행을 시작하면 여기저기 그 컬러로 새로운 공간들이 만들어진다. 그러나 그 컬러로 물들다가도 어느 순간 유행 컬러는 자취를 감춰버린다. 그래도 유행 컬러 사용은 공간의 분위기를 가장 크게 변화시킬 수 있으며 공간에 새로운 기운을 주는 특별한 힘이 있다.

컬러의 유행도 돌고 돌아 지금은 어느새 차분하고 자연스러운 컬러를 선호하기 시작했다. 지금 많은 사람들은 나무, 돌, 창호지, 라탄과 같은 자연 소재 컬러와 형태를 선호하며 이는 편안하고 따뜻한 공간을 가져다준다. 특히 따뜻한 목재는 사람들과 가장 친숙하게 지내온 재료이다. 무엇보다 자연 소재의 컬러는 서로 충돌하지 않고 시간이 지남에 따라 색에 깊이가 더해진다. 따라서 자연 소재의 컬러는 무언가를 꾸미기 위해 더한 컬러라는 느낌보다는 자연의 소박함을 있는 그대로 담아 마음에 휴식을 선사해주는 컬러로 바쁜 일상에 피로감을 느꼈을 때 편안함과 여유로운 공간을 만드는데 중요한 요소가 된다.

√ **인테리어 컬러 매직 (컬러를 활용해 공간을 넓어 보이게 하는 효과)**

- 모든 표면을 같은 컬러나 자재로 통일하면 표면 절개선이 없어 시각적으로 연장되어 보이는 효과가 있으므로 공간이 넓어 보인다. (벽지나 몰딩을 같은 색으로 칠하는 효과)

- 바닥-> 벽-> 천장 순으로 밝은 색을 사용하면 넓고 트인 인상을 준다. (흰색 천장은 최대 10cm 높게, 검은색 천장은 최대 20cm 낮아 보임)

- 가로 스트라이프 패턴은 공간을 넓어보이게 하고 세로 스트라이프 패턴은 천장이 높아 보이게 만드는 효과가 있다.

- 커다란 집기나 가구들을 벽과 같은 컬러로 통일시키면 가구들은 작아 보이고 공간은 넓어 보인다. 컬러에 통일성을 주면 형태적인 요소가 컬러에 묻히게 되어 하나의 물체로 보인다.

(질리지 않는)
자재 고르는 노하우

마감재 선택 기준

마감재란 밑그림을 그리고 색을 입힐 수 있는 캔버스 역할을 하는 것이다. 공간을 구성하는 기본 요소인 바닥, 벽, 창을 기준으로 벽지, 인테리어 필름, 마루, 페인트, 타일 등이 이에 해당한다. 마감재가 중요한 이유는 원하는 공간의 스타일을 완성하기 위한 첫 단추이자 사는 동안 미적인 부분은 물론 건강, 경제적인 부분까지 영향을 끼칠 수 있는 중요한 요소이기 때문이다. 잘 정돈하지 않으면 가구나 소품도 빛을 발하지 못하기 일쑤이므로 조화롭고 효과적인 인테리어를 원한다면 마감재에 대해 잘 알아야 한다. 디자인, 소재, 질감 등 종류에 따라 공간의 기본 이미지가 결정되므로 마감재의 선택은 꼼꼼하고 신중하게 이뤄져야 한다.

❝ 친환경 마감재

몸속으로 직접 들어가는 음식만큼 건강에 영향을 미치는 것이 마감재이다. 현대인들은 하루 일과의 90% 이상을 실내에서 생활하며 복합 화학 물질로 구성된 건축 자재의 사용이 증가하면서 '새집증후군'과 같은 각종 실내 환경 문제가 제기되고 있다. 내 아이를 비롯해 우리 가족의 피부 접촉이 빈번한 벽과 바닥, 창호 등 각종 마감재에 둘러싸여 살고 있으니 마감재의 중요성은 아무리 강조해도 지나치지 않는다.

마감재의 필수 덕목은 안전성이다. 안전이 보장되는 제품 안에서 패턴, 컬러, 질감 등을 선택하게 된다. 공간에서 가장 넓은 면적을 차지하는 벽지와 바닥재만 잘 바꿔도 어느 정도 건강한 집을 만들 수 있다. 친환경 마감재인 옥수수에서 추출한 식물유래 성분으로 코팅한 친환경 벽지, 흙을 주성분으로 유해물질 흡착과 제거 기능을 살린 벽타일과 친환경 페인트 등의 수요는 점점 늘고 있다.

면이 되는 마감

가장 넓은 면적인 바닥으로 사용되는 마감재는 크게 3가지로 장판과 타일 같은 인공재와 우드와 같은 자연재로 나눌 수 있다. 방에는 우드와 장판을 사용하고 거실에는 간혹 타일 바닥재를 쓰는 경우도 있지만 나무 고유의 문양이 주는 아름다움과 따스한 질감으로 대부분 우드 바닥재를 더 많이 사용한다. 물에 자주 노출되는 욕실에는 타일을 쓰는 경우가 대부분이지만 요즘에는 건식공간과 습식공간으로 나누어 건식 욕실의 바닥에는 마루를 사용하기도 한다. 벽은 가구를 포함한 다양한 생활용품 및 오브제에게 자리를 양보하는 바탕이 되며 천장 또한 조명과 각종 설비를 제외하면 비교적 넓은 면이 노출되지만 특성상 천장 마감재가 전반적인 분위기를 좌지우지 하지는 않는다.

66 바닥 삼형제 (마루 & 장판 & 타일)

공간에 맞춰 바닥재가 정해지는 것보다 바닥재에 따라 공간이 변화하고 우리의 기분이 달라지기도 한다. 같은 거실이라 해도 원목마루로 마감한 곳과 대리석 타일로 마감한 느낌은 천지차이기 때문이다. 과거 '방과 거실에는 장판, 우드, 욕실에는 타일'이 마치 공식처럼 사용되었지만 지금은 그렇지 않다. 비닐 소재이지만 우드의 문양과 질감을 살린 장판 제품이 등장하고 타일 역시 크기와 문양에서 더 다채로워졌다. 좌식 생활에 익숙한 우리는 바닥재에 관심이 많다. 입식 생활이 많이 보편화되었지만, 아직도 소파보다 바닥이 편하고 더군다나 바닥 난방 방식에서는 바닥재의 열효율성을 중요하게 고려할 수밖에 없다. 두껍고 푹신한 바닥재는 밟았을 때의 느낌이 좋고 넘어졌을 때 충격이 적지만 열효율성이 떨어져 모든 장소에 적용하기 쉽지 않다. 한국의 바닥재 종류가 다양하지 않은 이유는 이 때문이다. 바닥을 빨리 따뜻하게 하려면 얇은 재료가 유리하며 주로 얇은 비닐, 타일, 목재인 마루를 쓴다. 따뜻한 바닥 덕분에 슬리퍼를 신지 않고 양말을 벗고 다니기에 바닥의 촉감도 중요하게 생각하며 가족의 건강을 위해 친환경 소재인지도 고려한다.

아파트라는 주거형태가 보편화되기 이전, 한동안 바닥재는 노란 비닐 장판이었다. 전통적인 주택의 종이 장판 느낌이 나면서도 저렴하여 쓰지 않을 이유가 없었다. 집의 크기가 크지 않고 화장실과 부엌은 주생활 공간과 떨어져 있는 경우가 많았으며 자녀의 방, 부부 방, 거실 등으로 공간 분할이 크게 일어나지 않았기에 바닥재에 대한 별다른 고민이 없었다. 하지만 생활수준이 향상되면서 집의 크기가 커지고 장소가 분할되면서 집안의 장소는 목적과 용도에 따라 나뉘게 되었다. 장소의 쓰임과 개성에 따라 바닥재의 종류도 다채로워지기 시작한 것이다. 또한 바닥재의 경계가 흐려지며, 사용자의 개성과 취향에 따라 부엌에 타일이 쓰이는가 하면 욕실에 우드를 사용하기도 한다.

—— 따뜻하고 아늑한 분위기 '마루'

주거에 마루를 사용하는 주된 요인은 사용성(내구성)과 심미적인 만족감이다. 직접 살이 닿아도 좋은 재료, 거부감 없는 따뜻한 재료, 촉감적인 재료이기 때문이다. 마루재는 합판마루를 필두로 강화마루, 강마루가 보편적으로 사용된다. 원목마루는 기타 마루재에 비해 원재료의 물성을 풍부하게 느낄 수 있기 때문에 선택, 적용되기도 하지만, 내구성과 취급성에 비해 고가인 특성에 소극적으로 사용된다.

강화마루는 바닥재를 표면에 접착하지 않고 끼워 설치하므로 이음부가 삐걱거리는 소음 문제가 발생한다. 반면에 합판마루는 천연 목재를 사용하다보니 찍히고 긁히는 하자가 많

이 발생한다. 그래서 강화마루, 합판마루가 강마루가 대체되고 있다. 강마루는 상대적으로 내구성이 좋고 흠집이 잘 생기지 않으며 접착시공으로 열전도율이 좋아 바닥재로 많이 사용된다. 그러나 강화마루나 강마루는 표면에 천연 목재를 사용하지 않으므로 사람의 몸에 직접 닿는 부분의 소재를 고려해야 한다면 원목마루나 합판마루를 사용하기도 한다.

집의 바닥에 어떤 수종의 우드를 사용하는지 따라 공간의 분위기가 달라지며 보통 밝은 분위기를 연출하기 위해 메이플, 애쉬, 오크색을 가장 많이 사용한다. 그러나 우드색은 창을 통해 들어오는 빛과 조명의 영향을 많이 받는다. 바닥 마감재를 실제로 보고 구입해도 우리 집 공간의 크기와 창에서 들어오는 빛의 양과 조명의 색에 따라 우드색이 다르게 보이기 일쑤이다. 따라서 내가 사는 집의 조명색(주광색, 주백색, 전구색)을 고려하여 바닥재를 고르는 것이 중요하다. 일반적으로 사용되는 마루폭은 90mm 내외로 직선으로 곧게 뻗은 일반적인 일자 패턴으로 시공되나 시원한 느낌으로 개방을 주기 위해 중폭(90~180m), 또는 광폭(180m 이상) 사이즈의 마루를 사용하기도 한다. 폭이 넓은 마루일수록 결합 부위의 이음새가 적어 공간의 답답함을 해소할 수 있다. 목재 바닥 패턴은 앞서 설명한 일자 패턴 외에 헤링본, 쉐브런과 같은 스타일로 공간에 개성을 주기도 한다.

—— 다채로운 색상과 문양 '타일'

타일은 색상과 문양이 다양하고 실용성도 뛰어나다. 따뜻한 감성보다 차가운, 정제된 감성을 전달하는 타일은 물을 많이 사용하는 주방과 욕실 그리고 현관 바닥과 다용도실에 적용된다. 타일은 공간의 규모에 따라 적절한 크기를 선택하는 것이 중요하며 큰 타일은 비교적 넓고 사방이 트여 있는 장소, 작은 타일은 좁고 사방이 막혀 있는 장소에 어울린다.

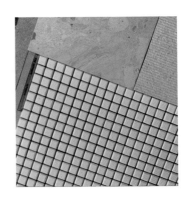

공간의 디자인을 이야기하기에 앞서, 기능을 위해 타일은 신중하게 선택해야 한다. 욕실이나 주방에서 흔히 볼 수 있는 타일은 고운 흙을 구워 만든 것으로 원료와 굽는 온도에 따라 도기질 타일과 자기질 타일로 나뉜다. 겉으로 보고 구별할 때는 타일 뒷면에 물을 부어보면 쉽게 알 수 있다. 낮은 온도에서 구워진 도기질 타일은 내구성이 약한 편이며 수분 흡수율이 높다. 따라서 가볍고 접착성이 뛰어나 주로 내벽용으로 사용되며 높은 온도에서 구워진 자기질 타일은 수분 흡수율이 낮고 무거운 편이지만 강도가 강하여 주로 바닥재로 사용된다. 타일은 광택이 있는 유광타일과 광택이 없는 무광택 타일로 구분할 수 있다. 유광타일은 폴리싱 타일로 지칭하기도 하며 물이 묻으면 매우 미끄럽고, 유광 유지를 위해 추가 관리가 필요하다. 광택으로 천연 대리석 느낌도 낼 수 있으며, 이음새 없는 시공이 가능해 깔끔하고 고급스러운 바닥재로 사용할 수 있다.

타일의 크기는 일반적으로 600x600mm를 사용하지만 최근에는 1500x1500mm 같은 대형 타일도 사용한다. 대형 대리석 타일의 경우 패턴을 맞추어 시공하기를 원하는 경우도 있는데, 사실 어렵다. 보통 12~15가지의 패턴이 무작위로 섞여 있는데 그 속에서 패턴의 연결성을 가지고 시공하기에는 큰 어려움이 있기 때문이다. 따라서 대형 타일을 시공할 때는 최대한 자연스럽게 배열하는 것이 좋다. 대리석 같은 석재 타일을 쓰는 이유는 자연 본연의 아름다운 패턴으로 일반 타일보다 고급스러움을 보여줄 수 있기 때문이다. 특히 대리석은 광택과 다채로운 무늬로 석재의 고급스러운 매력을 대표하는 재료이다.

모자이크 타일의 경우 5cm 이하의 작은 타일을 미리 조합한 뒤에 철망 시트를 덧대어 만든 것으로 줄눈이 차지하는 비율이 높아 일반 타일보다 비용이 많이 든다. 그러나 컬러와 문양이 일반 세라믹 타일보다 다양하여 선택할 수 있는 폭이 넓으며 주로 포인트를 주고 싶은 벽면에 사용한다.

—— 부드럽고 편안한 보행감 '장판'

오염과 손상에 강하고 난방열 전달도 잘 되면서 가격까지 저렴한 완전체 아이템이 있으니 바로 장판이다. 쩍쩍 달라붙는 옛날의 노란 비닐만 떠오르겠지만 지금은 다양한 장판 사례를 찾아볼 수 있다. 장판의 장점은 시공과 철거가 간단하여 자재비뿐만 아니라 시공비까지 저렴하다는 것이다. 또 습기와 오염에도 강해 관리도 아주 편하

다. 표면을 인쇄하여 만들므로 어떤 색상과 디자인이든 가능하여 바닥재 표면만 보고

는 원목마루인지, 강마루인지, 고급 장판인지 구분하기가 어렵다. 일반적으로 두께는 1.8~2.2T 제품을 많이 사용하며 4.5~6T정도로 두꺼운 제품들도 층간소음 절감과 편안한 보행감을 위해 사용되고 있다.

한동안 마루에 밀려 싸구려 바닥재 취급받았던 장판이 어린아이와 노약자가 있는 집을 중심으로 다시 사용되고 있다. 어린이의 생활공간은 기본적으로 맨발과 좌식생활이라는 특징이 있다. 부드러움, 푹신함이라는 특성은 넘어지거나 떨어졌을 때 위험하지 않는 쿠션감과 보행이나 활동을 저해하는 말랑함을 동시에 제공한다. 일반 장판은 한 위치에 가구 등을 오래 두면 자국이 남고, 날카로운 물건을 떨어트리면 찢어질 수 있어 이를 대처할 수 있는 럭셔리 비닐 장판을 추천한다. 충격에 약하고 자국이 남는 기존 장판의 단점을 보완하여 내구성이 높은 제품이 많으며 패턴도 다양하여 목재, 세라믹타일, 대리석 등 선택할 수 있는 폭이 다양하다.

&& 공간의 바탕 벽 (벽지 & 페인트)

집 내부에 있는 벽의 배치 요소를 보면 하부의 걸레받이와 상부의 몰딩 그리고 그 사이의 벽으로 분리된다. 벽은 하나의 캔버스로 우리는 그 공간에 사는 동안 이루어진 기억을 벽에 남기기도 한다. 바로 벽에 있는 그림, 거울, 벽지, 등이 하는 역할이다. 말하자면 벽은 사물과 우리의 소중한 이미지로 이루어진 기억 장치이다. 또 우리의 기억이 어디까지 존재하는지 보여주는 지도이기도 하다. 이런 밑바탕인 벽에 어떤 마감을 해야 감각적인 공간을 연출할 수 있을까?

사실 주거용 벽 마감재로 사용할 수 있는 것은 벽지 또는 페인트로 해외 잡지에서 봤을 때 예쁜 컬러의 벽은 대부분 페인트가 많다. 페인트와 벽지 둘 다 장단점이 있지만 공통적으로 기억해야 하는 것은 솔리드한 모노톤을 고르는 것이다. 물론 벽지의 경우 질감도 중요하지만 자신이 가지고 있는 가구와 조화로운 공간구성을 위해서는 튀는 질감의 벽지보다는 표면에 질감이 거의 없으며 솔리드한 단색을 고르는 것이 좋다.

—— 가볍고 다채로운 '벽지'

도배를 할 때는 벽에 종이를 붙이고 그 위에 다른
재료의 지류를 한 번 더 부착하는데, 이때 종이만
붙이면 종이벽지, PVC를 부착하면 실크벽지, 그
외 특수벽지인 뮤럴벽지(벽화벽지)로 나눌 수 있
다. 종이벽지는 말 그대로 종이로 만들어진 벽지
이다. PVC 코팅 재질의 실크벽지보다 디자인성은
떨어지지만 통풍성이 좋고 시공 시 이음매를 겹쳐
시공한다. 기존 벽지 위에 시공할 경우, 기존 벽지
색상이 비치거나 기존의 벽지가 가진 엠보싱이 표
시날 수 있다. 종이벽지는 장폭합지와 소폭합지로
구분하는데 장폭합지는 폭이 93㎝, 소폭합지는
53㎝로 소폭합지를 쓰면 이음새 부분이 많아지기 때문에 잘 사용하지 않는다.

실크벽지는 PVC 재질을 이용한 코팅면이 고급스러운 느낌을 주는 벽지이다. 입체적인 질
감으로 다양한 디자인을 표현할 수 있고, 이음면이 잘 드러나지 않아 인테리어의 완성도를
높여준다. 코팅면이 있어 오염이 잘 생기지 않고, 오염이 되더라도 물걸레로 손쉽게 닦아낼
수 있다는 장점이 있지만 종이 벽지에 비해 가격이 비싸다. 하지만 그래도 오염관리가 쉽고
내구성이 좋아 폭 넓게 사용되는 벽 마감재이다.

뮤럴벽지는 벽화벽지라고도 하며 부직포 위에 수입 종이를 붙여 만든 3m 크기의 전폭 벽
지이다. 벽화를 보는 듯한 아티스틱한 프린트와 와이드한 스케일로 공간을 넓어 보이게
한다.

요즘 사용하는 벽지는 무늬가 있는 벽지보다 솔리드한 벽지로 표면에 질감이 거의 없어 벽
지이지만 마치 페인팅한 듯한 효과를 내는 벽지들이 많다. 컬러 벽지는 모든 공간에 시도하
기보다 포인트 벽을 꾸미는 느낌으로 한 벽면에만 시도하는 것이 좋으며 아이 방이나 서재
등 상대적으로 좁은 방을 골라 사용하는 것이 좋다. 컬러 벽지를 사용하는 경우 벽에 거는 그
림이나 오브제, 커튼, 패브릭 등 벽지 외에 사용되는 컬러에 주의를 기울여 매치해야 한다.

—— 카멜레온 같은 색채 변화 '페인트'

페인트는 셀프 시공이 비교적 쉽고 더러워져도 덧칠이 가능하다는 점에서 마음이 가는 마감재이다. 벽지보다 자재비와 시공비가 저렴한 편이기도 하지만 마감 퀄리티에 따라 도배 못지않은 비용이 드는 경우도 있다. 그러나 기존 재료의 물성을 새롭게 변화시키는 페인트는 비교적 쉽게 접근할 수 있는 공정이다.

공간의 바탕이 되기 위해 집안 내부에는 비교적 적은 컬러를 계획하는 것이 중요하다. 컬러를 선택할 때 몇 가지 주의할 점이 있다. 꼭 자연광에서 확인하고 최종 색감을 검증한 후에 최종 선택해야 하며, 작은 컬러칩으로 볼 때보다 전체 도색되었을 때 조금 더 진해 보일 수 있으므로 이점을 감안하여 한 단계 낮은 채도를 선택해야 한다.

페인트의 색상은 실내와 실외 자연광의 유무, 조명의 색온도에 따라 달라 보일 수 있다. 따뜻한 전구색을 사용하는 공간에 적용할 색을 고른다면 같은 조명 아래에서 색상을 고르는 것이 좋다. 또 샘플칩에서 은은하게 보이는 색을 실제로 칠하고 나면 빛에 색감이 날아가 버려 은은하다 못해 원했던 색감이 나오지 않는 경우가 있다. 반대로 실제 공간에 적용하면 컬러의 반사 빛이 간섭되며 색상이 깊어 보이기도 한다. 여기에 최종적으로 컬러에 적합한 광도(유광, 반무광, 무광)를 선택,결정 한다.

페인트의 종류는 수성 페인트, 유성 페인트 그 외 탄성코트로 볼 수 있다. 수성 페인트는 물로 희석해 사용하는 페인트로 냄새가 거의 없고 빨리 건조되어 실내 사용에 적합하다. 물로 희석하다보니 화학적 결합이 유성 페인트보다 약해 내구성이 떨어지는 단점이 있다. 유성 페인트는 휘발성으로 시너로 희석해 사용하는 페인트로 특유의 냄새가 나고 느리게 건조되며 실외 사용에 적합하다.

탄성코트는 대리석의 색채와 질감을 그대로 표현한 고무 성분의 친환경 웰빙 방수 페인트로 고급 인테리어용 도료이다. 보통 아파트나 빌라의 베란다, 보조주방, 세탁실, 상가, 병원 등에 많이 사용된다. 신축성이 있어 방수와 크랙 방지에 탁월하며 변색이 잘되지 않는 장점이 있다. 그러나 곰팡이 피해를 막거나 곰팡이 번식 방지의 근본적인 효과를 보기에는 어려움이 있으며 습도 조절과 환기가 필요하다.

면이 되는 마감

테라조

대리석 또는 여러 가지 돌 입자를 시멘트와 섞은 뒤 굳혀서 표면을 연마해 만든 인조석의 종류이다. 다양한 돌을 종석으로 사용하기 때문에 돌의 모양이나 크기마다 패턴이 달라지며, 안료를 사용해 컬러에도 변화를 줄 수 있어 다양하게 활용할 수 있다. 그 옛날 '도끼다시'라고 해서 학교 또는 아파트나 관공서 복도에서 익히 봤던 터라 아날로그 감성을 자극하는데, 그때와 달리 '인조석'으로 개발되면서 디자인이 다양해지고 있다. 테라조는 특히 내구성, 내오염성, 미끄럼 방지성 등 인테리어 소재로서 요구되는 다양한 기능성까지 겸비하고 있어 주방과 욕실뿐 아니라 현관, 파우더룸, 세면대, 카운터까지 적용 범위도 넓다. 그렇지만 도트처럼 박힌 돌 입자가 공간에 적잖게 강한 이미지를 남기므로 자칫 복잡하고 산만하게, 때로는 시대에 뒤쳐져 보일 수 있다.

인조대리석

인조석은 마법의 재료다. 천연석이 오염에 취약해 관리, 유지에 어려움이 많은 반면, 유지, 보수가 편리한 아크릴계 인조대리석은 플라스틱의 종류이며 열가소성이 있어 열 성형이 가능하다. 덕분에 천연 대리석으로 만들 수 없는 곡선 모양도 만들 수 있다. 다만 뜨거운 열에 의해 갈라지거나 색이 변할 수 있는 단점이 있고, 김치 국물이나 카레 등 착색이 쉬운 음식은 상판으로 스며들어 화이트 상판 사용 시 주의해야 한다.

인조대리석은 또 천연 대리석으로 시공 시 발생하는 단절 부분을 샌딩 작업을 통해 이음매가 없는 것처럼 만들 수 있다. 주방용 싱크대 상판으로 흔하게 사용되는 인조대리석은 2000년대 초반까지는 코리안이 거의 독점했으며, 90년대 중반 국내 브랜드인 LG 하이막스, 롯데 스타론, 한화의 하넥스 등이 등장해 현재는 LG 하이막스 것이 가장 많이 쓰이고 있다. 하지만 이런 인조대리석도 오염성과 천연 대리석에 못 미치는 질감으로 점점 엔지니어스톤으로 대체되고 있다. 엔지니어스톤은 오염에 강하고 내열성이 우수하여 펄펄 끓는 냄비를 올려놓을 수도 있고 천연 대리석과 같은 질감을 느낄 수 있어 자연스러운 석재의 아름다움을 느낄 수 있다. 국내 브랜드는 비아테라와 칸스톤이 있다.

❝ 템바보드

미드 센추리 모던 스타일이 유행하면서 언제부터인가 플랫한 벽이나 도어 대신 길고 좁은 목재 패널이 풍성한 질감을 느끼게 하는 공간이나 가구가 많아졌다. 직선으로 쭉쭉 뻗은 스트라이프 패턴처럼 보이지만 올록볼록 입체적인 직선 방향으로 유연하게 구부러지며 공간의 모서리를 쉽게 굴려버릴 수 있

는 것이 템바보드이다. 왜 '템바'보드일까? 번역기의 힘을 빌리자면 '캔버스에 접착된 좁은 나무 조각으로 된 롤링 탑 또는 롤링 프론트(롤링 데스크)' 인 템바보드는 좁은 나무 조각이 하나의 보드에 이어 붙여진 보드이다. 국내에서 템바보드는 단면 모양이 각각 직각, 삼각, 반달 모양인 3가지가 가장 많이 알려져 있으며 보통 MDF를 가공하여 만들어지기 때문에 현장에서 마감이 어려워 필름이나 무늬목을 미리 마감된 상태로 주문할 수 있다.

❝ 유리블럭

80년대 목욕탕이나 은행, 동사무소, 우체국 같은 공공건물에서 많이 사용되

었던 유리블럭은 최근까지도 근근이 사용되긴 했다. 유리블럭은 유리로 제조된 벽돌 같은 건축 재료이다. 속이 빈 두 쪽의 상자모양의 유리를 봉합하며 내부의 공기를 빼고, 완전 건조된 저압공기를 투입하여 진공에 가까운 상태로 만든다. 형태는 주로 사각이지만, 다양한 패턴과 색상이 있고 코너나 끝 모서리

마감을 위한 특수한 형태의 유리블럭도 있다. 유리블럭은 빛을 투과시키며 은은한 채광효과를 주고, 불에 타지 않으며 방음 효과가 뛰어난 마감재이다. 유리블럭을 쌓으면 필연적으로 생기는 규칙적인 직선의 그리드는 멋진 디자인 요소가 되기도 한다. 유리블럭은 은은한 채광과 실루엣을 느낄 수 있는 공간을 연출 할 수 있으며 과거와 현태를 아우르는 튀지 않는 비주얼로 다양한 무드 공간을 연출할 수 있다.

인테리어 필름

헌 가구를 새 가구처럼, 헌 문짝을 새 문짝처럼, 헌 몰딩을 새 몰딩처럼, 체리색 샤시를 하얗게, 정말 가능할까? 프리미엄 시트지라고도 부르는 인테리어 필름은 사실 시트지와는 구별을 해야 한다. 필름에는 윈도우 필름과 인테리어 필름이 있으며 윈도우 필름은 흔히 볼 수 있는 선팅지 같은 자재를 말한다. 우리가 알아야 할 것은 인테리어 필름이다.

인테리어 필름은 무늬목을 대체하기 위해 등장한 내장재로 일반적인 시트지와 큰 차이가 있다. 시트지보다 2~3배 두꺼운 재질로 뒷면에 접착제가 붙어 있어 원하는 부분에 붙이는 방식으로 시공한다. 원하는 색상의 필름만 붙이면 옥색이나 체리색이 감쪽같이 사라진다. 그럼 필름은 어디까지 커버가 가능할까?

인테리어 필름은 기본적으로 매끄러운 면에 잘 붙는다. 표면이 거친 일반 합판보다는 MDF가 필름으로 마감하기 좋다. MDF 외에도 금속, 유리, 아크릴, 플라스틱 등에 부착이 가능하다. 싱크대나 현관문, 샤시는 필름으로 흔히 리폼을 하며 몰딩이나 걸레받이, 문짝, 문틀, 붙박이장도 인테리어 필름으로 리폼이 가능하다. 그러나 마찰이 잦은 샤시 틀 안쪽이나 마루, 물이 자주 닿는 싱크대 상판이나 욕실 가구는 필름으로 리폼이 불가능하다. 욕실 문은 물이 자주 닿기 때문에 필름으로 리폼하기보다는 ABS 도어로 교체하는 것이 좋다. 샤시 틀 색깔을 바꾸고 싶다면 우리 집 샤시가 어떤 재질인지 먼저 체크해야 하며 필름 시공은 PVC 샤시에만 가능하고, 목재나 알루미늄에는 어렵다. 몰딩에 시공 하기 전에 기존 몰딩 모양부터 확인해야한다. 굴곡이 심한 몰딩이라면 들어가는 필름 양도 많고 시공도 어려워 기존 몰딩을 떼고 새 몰딩을 시공해야한다. 굴곡이 심한 몰딩에 필름을 붙이는 건 전문가들에게도 고난이도 작업이다. 걸레받이는 굴곡이 많지 않은 편이어서 필름 시공이 가장 수월하다. 결론적으로, 인테리어 필름 사용 시 평평한 형태에는 필름 사용이 가능하나 굴곡진 형태에는 필름을 사용하지 않는 것이 좋다.

√ 재료분리대 꼭 써야할까요?

인테리어 마감재는 다양한 재료들이 많지만 소재에 따라 특징이 다르기 때문에 공간과 상황에 어울리는 마감재를 사용하는 것이 중요하다. 최근 거실과 식사 공간, 주방 공간이 하나로 연결된 LDK 공간의 경우 바닥 전체를 하나의 마감재로 통일하거나 구분하기도 한다. 이때 바닥 면의 높이를 동일하게 맞추고 각자 다른 마감재를 사용했을 시 바닥 마감이 만나는 부분에 재료의 특징을 잘 이해하는 것이 중요하다. 가령 우드는 살아있는 재료로 수축. 팽창을 하여 다른 재료와 만나는 경계에는 (금속 재질) 재료분리대를 사용하기도 한다. 하지만 되도록 사용하지 않거나 눈에 띠지 않게 하는 것이 좋다. 간혹 어울리지 않는 재료분리대는 마감의 이질감을 더욱 부각시켜 보이게 하기 때문이다. 좋은 공간을 만들기 위해서는 단순히 비싸고 유행하는 마감재를 사용하기보다 다양한 재료들이 모여 하나의 조화로운 분위기를 이루어 내는 것이 중요하다.

감추고 가리면
'넓어 보이는 집'

주거 공간에서 빌트인 가구의 가장 큰 역할은 '수납'이다. 공간의 일부로 고정되어 있으면서 좁은 면적을 보다 효율적으로 넓어 보이게 하는데 중요한 역할을 하고 있다. 이동식 가구가 공간과 떨어져 배치하는 제품이라면 빌트인 가구는 공간에 딱 맞춘 형태로 매입하거나 고정해서 사용한다. 아파트의 붙박이장은 벽에 딱 맞춘 크기로 수납을 해결함과 동시에 벽의 일체감을 높여 마치 벽의 여백이 90% 이상 넓어 보이게 하는 대표적인 방법이기도 하다.

다양한 디자인 방식으로 계획된 빌트인 가구는 여러 물건을 수납해 깔끔한 환경을 만들고 생활의 편리함을 높인다. 거실, 다이닝 공간과 주방이 하나로 합쳐진 LDK 형태 등의 평면은 본격적으로 빌트인 가구가 발달하게 된 시작이기도 하다. 현관의 신발장과 서재의 책장 등 붙박이장의 원리를 바탕으로 여러 용도와 기능, 평면의 변화에 대응하는 수납장이 생기고, 책상과 화장대 같은 독립가구도 붙박이장의 일부로 넣었다. 빌트인 가구는 공간을 정리하고 완성도를 높여 공간에 확장감을 가져다준다.

아파트 주거공간의 빌트인 가구

서양에서 도입된 빌트인 개념은 건축 단계에서 벽면 안쪽을 파내 미리 공간을 만들고 제작하는 고정형 가구지만 국내에서는 이미 있는 공간에 맞추어 가구를 짜 넣는다는 의미가 더 크다. 이사할 때 전에 쓰던 가구를 갖고 다니는 문화에 맞추다 보니 필요에 따라 조립하거나 분해할 수 있도록 만들어진 것이다.

아파트에 빌트인 가구가 도입되기 전, 혼수품으로 장만하는 장롱은 방 천장 높이보다 낮아 상부의 남는 공간에 잡동사니 물품을 수납하여 방 분위기를 번잡하게 만들었지만 빌트인 가구의 대표적인 장점은 공간에 딱 맞추어 제작해 벽면 전체를 수납장으로 활용했다는 점이다. 사용자의 생활에 맞추어 내부 공간을 구획해 효율적으로 쓸 수 있고, 틈새가 남지 않아 먼지 걱정이 없다. 단점은 한번 설치하면 다른 곳으로 옮기기 힘들며 공간에 밀착해 있는 만큼 결로가 생기기 쉬워 습기가 맺히거나 곰팡이가 번식할 수 있다.

보통 빌트인 가구 붙박이장은 아파트 일체형으로 설계 시공되어 대부분의 거주자들이 입주 전 동일한 사이즈와 위치에 설치하는 것이 일반적이다. 하지만 다들 경험했듯, 이 수납공간은 보통 충분하지 않은 경우가 많다. 이처럼 아파트의 수납공간을 처음부터 정해진 위치에, 넉넉하지 못한 사이즈로 설치하는 이유는 무엇일까? 아마 모델하우스를 통해 분양되기 때문일 것이다.

모델하우스는 실제 아파트와 동일하지만 또 동시에 실제 살림살이가 없는 가상공간으로 가구 배치나 수납 상황을 모두 연출하여 구성한 공간이다. 수납공간을 많이 설치하면 수납공간이 넓다는 평은 듣겠지만 방이 작아 보이는 문제가 더 치명적인 단점이 되므로 수납공간을 조절하여 설치하며, 따로 구획되어 있는 창고형 수납공간보다는 가급적 '설치된 가구'임이 드러나는 (원래 방 면적은 크다는 것을 알릴 수 있는) 설계를 한다. 그럼에도 불구하고 모델하우스를 구경하는 사람들은 수납장을 열어 텅빈 선반과 옷걸이 공간을 보면서 마술에 걸린 듯 수납공간이 충분하다는 착각에 빠진다. 수납공간이 늘 부족한 아파트에서 살아봤으면서도 모델하우스에서는 계속 착각에 빠진다.

빌트인 가전의 가구화

아파트의 수납공간은 늘 부족하다. 올망졸망한 작은 수납가구들이 들어서고 집안 여기저기 높낮이가 각자 다른 옷장과 서랍장도 놓이게 된다. 중구난방 늘어나는 가구들은 집 안을 복잡하게 만드는 주범이다. 결국 방 안 가득 찬

가구들이 서로 조화를 이루지 못하거나 방 크기와 가구 크기가 맞지 않아 공간은 어수선해지기 시작한다. 때문에 공간의 낭비를 줄이면서 효율적인 공간을 만들 수 있는 빌트인 가구를 설치하면 우리가 가지고 있는 다양한 물건들을 품고 숨기고 가려주면서 일종의 벽처럼 공간의 일부가 되어 집이 넓어 보이는 인상을 주는데 도움이 된다.

특히 빌트인 가구는 우리가 가지고 있는 각양각색의 모양과 색상의 가전을 스펀지처럼 흡수해 공간을 보기 좋게 담아낸다. 스타일러, 에어드레서, TV 등의 전기 배선과 콘센트도 가구 안에 매입해 공간을 훨씬 더 쾌적하고 보기 좋게 완성할 수 있다. 빌트인 가구는 가전을 보기 좋게 담는 것 외에 잘 쓸 수 있도록 환경을 조성하는 역할도 한다. 침실의 한쪽 벽면을 빌트인 가구로 설치하되 공간을 적절히 비워 그 안에 가전제품을 설치하거나 침대 헤드보드로 사용하기도 한다. 침실 수면등 역시 빌트인으로 구성하여 일반적인 천장등 대신 간접 조명으로 사용한다. 가전제품의 전원을 가구에 바로 연결해 쓸 수 있도록 콘서트를 매입하는 것은 이제 필수가 되었다.

빌트인 가구의 트렌드

요즘 거실에는 TV장을 가볍게 놓는 추세이다. TV가 있는 공간은 포인트를 주는 정도로 깨끗하게 비우고 소파 뒤쪽 벽면에 미닫이형 빌트인 가구를 설치한다. 필요에 따라 인테리어의 일부처럼 보이게 하기 위해 흰색이나 회색 계열의 무광 소재를 선호하는 편이다. 아이방의 경우 빌트인 수납장과 책상, 침대까지 하나의 분위기로 연출하는 경우도 있다. 이 외에 빌트인 가구의 옆면을 화장대 겸 수납을 하는 엔드장으로 만들기도 한다.

√ 다양한 표면 마감

빌트인 가구 대부분은 파티클 보드(PB), 중밀도 섬유판(MDF) 등의 가공목재를 구조재로 하고 그 위에 표면재를 마감하여 만든다. 가구를 제작할 때 강도와 마찰력이 상대적으로 큰 PB로 몸통을 제작하는 경우가 많다. 강도가 크다는 것은 무게를 지지하는 힘이 세다는 것을 의미하며 마찰력이 크다는 것은 경첩들을 좀 더 튼튼하게 잡아준다는 의미이다. MDF는 PB보다 조금 더 비싸지만 물에 강하다. 따라서 빌트인 가구의 경우 내부 몸통 대부분은 PB로 제작하고 문짝은 MDF 위에 마감을 한다. 대표적인 가구 마감재는 LPM, HPL로 일상생활에서 접하는 가구 대부분은 이 2가지 재질로 만들어진다. 원목보다는 가격이 저렴하고 내구성이 좋으며 표면은 무독성, 무향, 위생적이지만 리얼 우드가 아닌 라미네이트라 저렴해 보인다는 단점이 있어 많이 사용하지 않았으나, 최근에는 나뭇결 무늬와 엠보싱 텍스처를 표현하여 질감이나 광도를 자유롭게 연출할 수 있다.

그 외에는 우레탄 도장과 PET 마감이 있다. 우레탄 도장은 스프레이 도장 방식으로 색을 입히는 과정으로 측면까지 깔끔하게 마감 할 수 있는 장점이 있으나 도장의 경우 특수 처리를 하지 않은 이상 황변 현상이 있어 밝은 색은 사용하지 않는 것이 좋다. PET은 친환경 소재로 모서리 부분에 절단면이 없어 습기에 강하고 빛에 의한 황변 현상이 거의 없어 무채색 계열의 화이트나 그레이를 쓸 때는 PET 무광을 많이 사용한다. 따라서 공간의 어울림, 가성비, 표면의 유지력을 고려한다면 PET도 괜찮다.

살면서 바꾸는
'배치의 노하우'

우리 집에 들어온 가구는 나와 함께 나이를 먹는 또 하나의 '가족'과도 같다.

사실 결혼할 땐 멋모르고 유행을 쫓아 가구를 선택하지만 살다보면 살림살이는 티스푼 하나를 사더라도 특별한 일이 없는 한 버리지 않고 오랜 세월 함께 하게 된다는 사실을 알게 된다. 그걸 깨닫는 순간 의자 하나, 화분 하나를 사더라도 신중하게 고르게 된다. 이런저런 나의 인생 히스토리가 담긴 세월의 흔적이 가구들에 차곡차곡 새겨져 나만의 공간을 완성하게 된다. 어쩌면 좋은 가구란 세월이 지나도 우리의 공간에 잘 어울리고 편안한 가구가 아닐까 싶다.

가구를 배치하기 전 사이즈 측정은 기본이다. 만약 사이즈가 맞지 않는다면 그야말로 당황스러운 상황이 많이 벌어진다. 가구가 방에 비해 너무 크거나 균형이 맞지 않으면 동선에 방해가 될 뿐 아니라 미관을 해칠 수 있다. 가구가 너무 커서 아예 방에 들어가지 않는다면 엄청난 결과를 가져올 것이다.

가구 사이즈를 잴 때 특히 주의해야 할 것은 깊이다. 소파와 책장이 방을 좁아 보이게 만드는 이유는 깊이가 깊기 때문이다. 그러므로 좁은 집에 방의 바닥 면적을 잡아먹는 깊은 가구를 놓을 때는 높이를 최대한 낮게 하는 것이 현명하다. 또 가구 치수만 보고 구입할지 말지를 판단하면 집 안에 사람이 지나다닐 통로가 없어지거나 서랍과 문이 안 열리는 현상이 생길 수 있으므로 여유 공간과 배치를 생각하고 구입할 필요가 있다. 방이 좁아서 여유 공간이 충분하지 않다면 방 한쪽에 가구를 모으고 유용한 여유 공간을 만드는 것도 하나의 방법이다.

낮은 가구를 선택하여 앞을 보거나 뒤를 보아도 시선이 막히지 않게 배치하고, 바닥에서부터 20~30cm 정도 띄우면 공간이 연결된 것처럼 보여 실제보다 넓어 보이게 된다. 가구는 공간을 차지하기도 하지만 그 존재감도 크기 때문에 묵직함보다는 가볍게 보이는 것이 중요하다.

배치에 대한 고정관념 (부담 없이 가구 위치 바꾸기)

우리는 몇날 며칠을, 심지어 수개월을 어떻게 집을 바꿀지 고민하며 지낸다. 현재 상태에 만족하지 못해 변화를 주고 싶지만 막상 가구 배치를 할 때면 막막함을 느끼며 고민만 거듭할 뿐 가구는 옮겨보지도 못하는 사태가 종종 생기게 된다.

만약 이런 경우라면 일단 무엇이 되었든 시도해보는 것이 좋다. 모든 가구를 처음부터 옮기기는 것보다 소소한 변화를 시작으로 간단한 소품을 이용해 잠시 위치를 옮겨보는 것이다. 소파의 위치가 마음에 들지 않는다면 소파가 있었으면 하는 자리에 1인용 의자를 두고 10분 정도 앉아 무엇이 보이고, 이곳의 느낌은 어떠한지, 창밖의 전망은 무엇이 보이는지 등 여기저기 의자의 위치를 바꿔가며 주위를 둘러보다 보면 결국 소파가 꼭 있어야 할 곳과 놓지 말아야 할 곳이 구분된다. 오랫동안 고민했던 여러 가지 대안들 중 괜찮은 배치를 하게 되며 무엇보다 배치에 대한 막막한 마음을 해소할 수 있다.

가구 배치를 바꾸는데 문제가 있거나 변화가 필요하다는 생각이 든다고 바로 실행에 옮기기에는 어려움이 따를 수도 있다. 그럴 때는 가능한 방안의 물건을 비우고 방을 먼저 관찰해 보는 편이 좋다. 방의 크기는 어느 정도이며 방의 이쪽에는 어떤 풍경이 보이고 저쪽에는 어떤 풍경이 보이는가, 방 안의 여러 곳에 앉아 보고 옮겨 다니며 어떤 모습이 될지를 생각해보는 것이다. 비워진 방을 새로운 시각으로 바라본다면 전혀 다른 가구 배치를 할 수 있다.

상식적인 크기 & 비움의 미학, 거실

　요즘은 가구들이 전체적으로 커지는 추세이기는 하지만 그중에서 거실 가구들이 자꾸 커지는 것은 못마땅한 현실이다. 신체 치수가 커진 젊은 세대나 체구가 큰 남자들은 좋아할지는 모르겠으나 보통의 사람들에게 그리 큰 가구가 필요할까? 작은 집에 유행하는 대형 소파의 구입은 소파의 편안함이나 스타일의 문제가 아닌 허영심과 소비력의 문제이다. 따라서 지금 살고 있는 집 크기가 어느 정도인지 파악하고 집에 물건을 들일 때 우리 집에 어울릴지를 고려한 후 결정해야 한다. 옷을 살 때 자신에 어울리는지, 자신의 체형에 맞는지 생각하는 것과 같다. 작은 가구 하나를 사더라도 눈짐작으로 선택하면 크기가 맞지 않아 실패하는 경우가 있다. 내가 살고 있는 공간 안에 가구나 작은 소품까지 집 크기에 어울리는 가구를 갖춰 가는 것이야 말로 집에서의 생활을 기분 좋게 하는 비결이도 하다.

　거실 인테리어를 할 때면 우리는 2가지의 상황에 놓이게 된다. 기존 가구를 그대로 사용하거나 기존 가구와 어울리는 새 가구를 구입해야 하는 일이 벌어지게 된다. 기존 가구와 새 가구의 조화도 중요하지만 먼저 새로 구입할 가구가 꼭 필요한지 생각할 필요가 있다. 거실 인테리어는 '비움'의 공간으로 많이 바뀌고 있다. 많은 가구들로 채우는 것보다 벽면의 처리와 마감재의 조화 그리고 포인트가 되는 소가구의 매칭에 신경을 쓰는 것이 중요하다. 그리고 불필요한 가구 배치로 거실 동선에 방해되는 일이 없도록 하는 것이 중요하다.

호사스런 사치품 '소파'

　푹신한 소파는 원래 아라비아에서 건너온, 귀족적이고 호사스러운 사치품이었다. 딱딱하고 불편한 의자와는 다르게 소파는 푹신푹신하고 다양한 자세로 편히 쉴 수 있다. 당연하게도 거실에 소파를 두는 것은 좋은 자랑거리였고 재력을 가진 이들은 거실에 소파를 놓기 시작했다. 그러나 지금은 더 이상 사

치품이 아니며 대부분의 집에 소파가 놓인다. 거실의 소파는 공간의 메인 컬러를 담당한다. 또 인테리어 스타일을 결정하는 중요한 요소이며 소파 선택 하나로 거실의 분위기가 달라지기도 한다. 소파는 보통 창문을 기준으로 배치하며 소파 방향에 따라 앉은 사람의 시선이 자유로울 수 있도록 해야 한다. 소파를 주방 쪽으로 돌리는 경우라면 주방에서 거실을 볼 수 있도록 시선이 오픈되도록 한다. 주방을 등지고 소파를 놓는 경우 공간의 분리를 원하는 경우 활용하는 것이 좋다.

큰 소파를 두지 않더라도 충분한 앉을 자리는 필요하다. 소파의 앉는 공간은 한 사람당 60cm가 기본으로 좌석의 높이는 40cm 전후가 앉기 쉽고 동작도 편하지만 같은 높이더라도 좌석의 각도나 깊이에 의해 착석감이 변한다. 등받이 높이는 키와 관련이 있으며 키가 클수록 높은 등받이를 골라야 목까지 편하게 기댈 수 있다. 깊이가 너무 깊으면 다리가 마루에 닿지 않아 무릎이 불편하다. 소파는 너비를 기준으로 몇 인용인지 구분한다. 좌석의 분할된 숫자를 따라 몇 명이 앉을 수 있는지 세는 것이 아니므로 정확한 사이즈를 알아야 한다.

1인용: 800~900mm   **2인용:** 1,600~1,800mm   **3인용:** 2,000~2,400mm

이지 체어는 말 그대로 편안한 1인용 의자로 다이닝 체어보다는 낮고 라운지 체어보다는 조금 높으며 몸을 조금 더 감싸주는 형태를 지닌다. 좌판의 높이는 보통 40cm 정도가 적당하며 이때 함께 사용하는 테이블 높이 또한 비슷한 것이 '이지'한 자세를 취하는 데 도움이 된다. 이지 체어보다 좀 더 릴렉스한 자세를 보장해주는 것이 라운지 체어이다. 대개 등판이 비스듬하고 이지 체어에 비해 좀 더 푹신한 것이 특징이다.

❝ 눈길을 끌 수 있는 '테이블'

최근 거실 테이블은 작은 테이블 2~3개를 레이어링 하는 방식으로 나중에 하나씩 떼어 침대 옆 사이드 테이블, 서재의 간이 티 테이블 등으로 다양하게 활용할 수 있는 것을 선택하는 것이 좋다. 디자인 또한 전형적인 스타일을 벗어나 타원 모양, 세모 모양 등으로 다양하게 선보이며 그만큼 거실 테이블은 장식성이 중요한 가구가 되었다. 거실 테이블은 한 가지 기능에 얽매이지 않고 공간에 포인트를 줄 수 있는 소가구로 집 안 여러 곳에 두루두루 어울릴 수 있는 가구를 고르는 것이 효율적이다.

거실 테이블은 소파 중심의 라이프스타일과 좌식 중심의 라이프스타일 유형으로 나누어 높이를 고려해야 보다 효율적으로 사용할 수 있다. 좌식 중심의 테이블 높이는 33~35cm, 소파 중심의 테이블 높이는 43~45cm가 적당하다.

믹스 앤 매치, 식당

인테리어에 있어서 통일감을 중요하게 여기거나 서로 다른 의자를 조화롭게 배치할 자신이 없다면 테이블과 세트로 구성되어 있는 의자를 그대로 구매하는 것도 나쁘지 않다. 테이블과 가장 최적으로 맞춰진 형태이기에 디자인과 크기에 있어서 모두 실패할 확률이 적기 때문이다. 반면 모양과 색상이 서로

다른 의자를 포인트로 두어 믹스매치로 구성할 경우 공간의 포인트로 작용할 수 있다. 체격이나 생활 습관의 차이 때문에 배우자와 내가 각각의 마음에 드는 편한 의자가 있다면 각자 맞는 의자를 선택하여 생활해도 큰 무리는 없다. 선택한 테이블의 사이즈와 소재를 고려하여 의자의 컬러나 소재를 어울리게 선택한다면 보다 특색 있는 공간을 만들 수 있다.

식당 테이블에는 의자만 놓을까? 벤치도 놓을까? 테이블 크기와 가족 수에 맞게 의자를 배치하는 것은 가장 기본적인 구성이며 테이블에서 오랜 시간을 보낸다면 등받이가 있는 일반형 의자가 가장 일반적이다. 하지만 의자를 반만 두고 반대편에 긴 벤치를 두는 배치 구성은 등받이가 없으므로 시각적으로 트여 보이고 넓어 보이는 효과를 볼 수 있다.

√ 의자와 테이블의 궁합

세트로 사면 이미 사이즈가 최적화 되어 있기 때문에 별 신경을 안 써도 되지만, 단품으로 따로 살 경우엔 꼭 의자와 테이블 크기를 체크해야 한다. 일반적인 일자 다리 테이블에는 의자가 모두 들어가지만, 테이블 다리가 안쪽으로 들어가 있는 경우 의자가 다 들어가지 못하고 걸리기도 하며, 앉는 사람이 느끼는 여유 공간도 달라지게 된다. 팔걸이가 높고 등받이가 넓은 의자는 서로 부딪히고 테이블 상판에 걸려서 다 들어가지 않기도 한다.

식사를 더욱 편하고 여유롭게 즐기고 싶다면 테이블 다리가 모서리에 부착된 형태가 좋다.

" 친목과 대화의 시작 '테이블'

집에서 가장 다용도 공간으로 사용 되는 곳은 어디일까? 끼니마다 식사, 대화, 간식, 아이 그림 그리기, 아이 숙제, 가까운 손님과 티타임, 노트북으로 컴퓨터 작업하기, 글쓰기, 책 읽기 등 테이블은 그야말로 무한한 변신의 가구이다. 다양한 크기와 높이, 모양으로 변주되지만, 음식을 나누는 모든 테이블은 기본적으로 식탁이다. 커피 테이블, 사이드 테이블, 소파 테이블, 티 테이블, 콘솔 테이블 등 세세하게 나누면 끝도 없이 나눌 수 있을 만큼 많은 분류가 있지만 결국 그 시작은 테이블이다. 그리고 모든 테이블은 친목과 대화의 시작이 된다.

요즘 들어 '넓고 긴' 테이블에 대한 관심이 많아졌다. 웬만한 카페에서 넓고 긴 테이블을 사용하는 것이 멋스럽고 편해 보이기도 하며, 좁은 공간일수록 식탁 겸 작업대 용도로 사용할 수 있는 다용도 테이블이 더 요긴하게 사용되기도 한다. 식탁만으로 쓸 요량이라면 밥, 국그릇과 접시 몇 개 정도만 놓으면 되겠지만 노트북도 펼쳐놓고 이런저런 책도 좀 늘어놓으려면 아무래도 좀 더 '넓고 긴' 사이즈가 필요하다. 그러나 실제 넓은 테이블을 선택하는 경우는 의외로 많지 않다. 좋아 보이고 실제로 유용한 듯 하지만 30~40평대 아파트의 경우만 해도 표준 사이즈 이상의 테이블을 들여놓을 만큼의 공간 여유가 없는 것이 현실이기 때문이다. 그래서 요즘 젊은 부부들은 거실에 소파를 놓지 않고 긴 테이블을 놓고 식탁 겸 작업대로 사용하는 경우도 많다.

—— 효율적인 테이블 형태, 사각형 & 원형

테이블은 원형과 사각으로 나누어진다. 사각 테이블은 가장 기본 형태로 좁은 집에서는 주로 테이블을 벽에 붙여서 배치하며, 한쪽 면을 붙여도 4인용 테이블의 경우 최대 5명이 앉을 수 있기 때문에 공간 활용에 효율적이다. 단점은 모서리 때문에 오며가며 부딪히기 쉽고, 특히 훗날 아이가 태어나면 안전을 위해 충격방지 스티커가 필요하다. 따라서 사각 테이블 구매 시에는 모서리가 둥글게 처리 된 것을 고르거나 벤치나 스툴을 함께 배치해서 부족한 공간 활용성을 높이는 것이 좋다.

원형 테이블은 사각형 테이블보다 자리를 많이 차지하기 때문에 여유 공간이 더 필요하다. 또 한쪽을 벽에 붙여버리면 붙이지 않았을 때에 비해 공간 활용력이 현저하게 떨어지게 된다. 이런 점에서 원형 테이블은 가족 수보다 다소 더 큰 것이 좋다. 홀로 사는 집이라도 2인 테이블이 좋고, 두 명이 사는 집이면 4인 테이블, 네 명이 사는 집이면 6인 테이블을 마련하는 게 바람직하다. 둘러앉되 너무 딱 붙지 않아야 '소통의 공간'이 생기게 된다. 따라서 적당한 공간 확보가 필수이며 테이블 자체의 크기는 물론이고, 의자를 넣고 빼고 사람이 지나다니는 공간까지 되는지 확인해야 한다.

사각 테이블의 경우 끝에 앉은 사람은 좀처럼 대화에 참여할 수 없어 소외되지만 원형 테이블은 테이블에 앉은 모두가 같은 화제로 이야기를 나눌 수 있다는 큰 장점이 있다. 직경 1.2m의 둥근 테이블이라면 4명이 느긋하게, 6명이라면 알맞게, 8명이라도 문제없이 둘러앉을 수 있으니 아주 훌륭하다. 둥근 테이블은 중심이 있는 집, 구심력이 있는 집을 만드는 데 없어서는 안 될 중요한 아이템이다. 가족끼리 옹기종기 둘러앉아 단란함을 느낄 수 있는 중요한 가구이다. 그러나 원형 테이블을 강조한다고 해서, 형태상 원형일 필요는 없다. 이때 중요한 포인트는 자리에 위계를 정해놓지 않는 것이며 앉는 자리를 바꾸면 역할도 다양해 질 수 있으며 분위기 또한 달라지게 된다.

〃 쓰임새가 다른 다양한 '의자'

의자의 종류를 구분하자면 여러 가지 기준이 있다. 생긴 모양에 따라 구분할 수도 있고 소재별, 시대별 등으로 나눌 수도 있다. 그러나 의자는 가구 중에서도 가장 기능적인 역할을 하는 아이템으로 용도에 따라 구분하는 것이 가장 명쾌한 기준이 아닐까 싶다. 의자 중에서도 가장 쓰임새가 많은 것은 '다이닝 체어'다. 다이닝 체어는 아무래도 테이블 높이에 따라서 결정되는데 보통 의자 다리의 높이가 45cm 정도인 것이 일반적이다. 대개 테이블 높이가 75cm 정도 되는데 이를 기준으로 그 정도 높이면 밥을 먹고 이야기를 나누는데 무리가 없다. 한 가지 디자인으로 통일하기보다 약간의 리듬감을 줄 수 있는 믹스 앤 매치를 생각해 구입해도 좋다. 다용도로 활용이 가능한 '스툴 체어'는 의자로 한정하기엔 그 쓰임새가 다양하다. 복도 끝 빈 공간에 놓으면 장식대처럼 활용이 가능하며, 침대 옆 사이드 테이블, 소파 앞 티 테이블, 베란다 화분 받침대 등 응용이 다양하다. 따라서 40~50cm 내외의 높이가 좋으며 각이 있거나 복잡한 디자인은 활용하기 어려울 수 있으니 포인트 가구로 다리는 단순하되 소재가 독특하거나 컬러감이 있는 디자인이 좋다.

분위기 전환, 침실

침실은 입식이냐 좌식이냐에 따라 배치가 결정되며 좌식을 선택한다면 이불 보관을 할 곳만 있으면 된다. 문제는 침대를 사용하는 경우이다. 큰 방인데 꽉 들어찬 침대로 답답해 보일 때가 있고 좁은 방이지만 편안할 때가 있다. 누워 자는 침대가 아무리 좋은 침대라 하더라도 방 전체가 답답하게 느껴지면 안락감도 반감된다. 따라서 방 크기와 조화를 이루는 적당한 크기의 침대를 배치해야 방에 들어섰을 때 여유 있는 느낌을 주는, 넓고 개방된 침실이 된다.

방이 작을수록 방과 침대의 밸런스 배치가 중요하다. 침대를 어디에 놓을지 결정할 때는 수면에 방해가 되지 않는 위치로 발이 문 쪽을 향하도록 하여 누워 있을 때 누군가가 방으로 들어오는 것을 쉽게 볼 수 있도록 배치하는 것이 효과적이다. 침대를 창문과 가까이하는 배치 방법은 가장 흔한 침대 배치법 중 하나이다. 창문을 기준으로 침대를 가로형 또는 세로형으로 배치하는 것인데 침대를 창 코너에 두는 경우가 많다. 이는 침대 이외의 공간 활용성이 좋으나 코너에 침대를 배치하여 커튼의 움직임을 방해하기도 한다. 또 침대를 벽에 너무 딱 붙여버리면 침대보 교체나 침구 정리가 힘드니 이불의 두께를 고려하여 벽에서 10cm 정도 떼는 것이 좋다. 창문과 침대 간에 거리를 두고 창문을 바라보게 침대를 배치할 때는 채광과 환기가 잘 되는 창문 근처에 책상이나 초록 식물을 두어 창가에 좀 더 다채로운 분위기를 연출할 수 있다. 방 중앙에 침대를 배치하는 것은 침실임을 강조한 배치 방법이다. 침대 양쪽에 작은 수납장을 두어 책이나 스마트폰을 두기 편하지만 수납장 외 TV장, 화장대 등 여러 가구를 함께 배치하는 것은 공간을 어수선하게 만들 수 있으니 침대와 사이드 테이블 정도만 배치하는 것이 깔끔한 분위기를 연출 할 수 있다.

침대 외에 침실에 필요한 공간도 있다. 침실에서는 잠도 자고 옷도 갈아입고 침대뿐 아니라 수납가구와 화장대가 있기도 하다. 침실의 통로 폭은 문을 열고 닫을 때나 침대보를 바꿀 때 필요한 공간 확보가 필요하고 테이블 램프나 사이드 테이블이 있어야 한다. 침대와 여닫이문이 달린 옷장 사이에는 90cm 정도의 공간이 필요하며, 미닫이문이나 접이문이라면 50~60cm 정도의 공간도 충분하다. 반면에 옷장 대신 가벽을 이용하여 드레스룸을 만드는 경우 안방에서 바로 옷을 꺼낸다는 편의성으로 워크 인 클로젯 공간을 만들기도 한다. 수납의 용이성은 있으나 수면만을 위한 침실공간은 포기하게 되는 단점이 있다.

수면을 위한 침대

처음 침대가 만들어졌을 때는 지금보다 훨씬 컸다. 모닥불을 피우고 땅바닥에서 잠을 자던 이들이 처음으로 지금의 침대와 비슷한 자루를 만들어 그 위에서 자던 시절의 일이다. 침대는 온 가족이 함께 쓰는 물건이었고 가끔은 손님들도 함께 사용하는 물건이었다. 짚이나 톱밥을 채워 넣은 자루에서 시작된 침대는 이제 최첨단 과학 기술이 집약된 제품으로 거듭났다. 금속 스프링이 처음 사용된 19세기 이후로는 워터베드, 에어 매트리스, 라텍스, 메모리폼 등 다양한 매트리스가 발명됐다. 덕분에 요즘의 침대는 예전처럼 여러 겹의 매트리스와 담요를 사용하지 않는다. 한 장의 매트리스면 충분하기 때문에 쉽고 다양한 방법으로 침대를 꾸미거나 관리할 수 있다. 과거에는 크기나 디자인만 따지고 매트리는 건성으로 고르는 경우가 많았지만 최근 들어 숙면을 위한 기능에 비중을 두는 쪽으로 변화하고 있다. 취향은 사람마다 차이가 있으므로, 매장에서 제품을 체험해 본 뒤에 구입하는 것이 좋다.

침대 머리 부분인 헤드는 프레임의 디자인적 요소이자 취침 전 등을 기댈 수 있는 곳이다. 어떤 디자인을 선택하느냐에 따라 침실의 분위기가 좌우되며 자리를 차지하기 때문에 침실 크기에 따라 적절한 크기와 두께의 헤드를 골라야 한다. 침실이 좁다면 헤드보드가 수직으로 서 있는 제품이나 헤드보드가 없는 제품을 고르면 공간에 여유가 생긴다.

√ 1인용 매트리스 사이즈		√ 2인용 매트리스 사이즈	
싱글	1,000mm x 2,000mm	퀸	1,500mm x 2,000mm (침실의 크기가 작은 경우에 흔히 구매)
슈퍼 싱글	1,100mm x 2,000mm	킹	1,600mm x 2,000mm (조금 더 여유로운 수면을 원할 때)
더블 싱글	1,350mm x 2,000mm	라지킹	1,800mm x 2,000mm (성인 2명은 어린아이와도 함께잘 수 있는 정도)

성장에 따른 배치, 아이 방

아이 방의 가구는 아이의 성장에 따라 바뀌어야 한다. 어릴 때는 옷과 장난감 수납장 정도만 있으면 되지만 클수록 옷과 스포츠 용품 등 수납해야 할 물건이 많아지므로 수납장 크기도 점점 커야하고 책장과 책상도 필요하다. 따라서 때에 맞게 변경하고 추가할 수 있는 가구를 선택해 아이의 성장에 따라 배치를 쉽게 바꿀 수 있도록 해야 한다. 또한 아이 방은 스스로 옷을 갈아입거나 청소 할 수 있게 만드는 자립 훈련의 장이기도 하다. 아이가 쓰기에 편한 수납장과 스스로 정돈하기 쉬운 침대 배치를 생각해야 한다. 두 명의 자녀가 있는 집에서는 대개 초등학교 저학년 정도까지는 같은 방을 쓰게 한다. 자녀가 어릴 때 하나의 방에서 사용하다 나중에 두 개로 나눌 수 있도록 한다. 유아기에는 마음껏 놀 수 있도록 가구를 최소한으로 하고, 모두 벽에 붙여 배치한다. 사춘기가 되면 수납 가구를 가운데 놓아 공간을 구분하거나 두개의 방으로 따로 나누어 쓰기도 한다. 면적이 한정된 아이 방에서는 가구가 몇 밀리미터만 커도 문이 열리지 않을 수 있으니, 벽에서 반대편 벽까지의 정확한 거리와 가구의 치수를 측정해 충분한 공간을 확보하는 것이 필요하다.

유아기는 부모 주도로 진행되며 개성을 키우는 시기(아이의 취향) 이기도 하다. 안전에 대한 배려와 교육이 필요하며 가구는 모서리가 둥근 것을 선택하는 것이 좋다. 유아기때는 반드시 개인 방이 필요한 것은 아니다. 사춘기는 아이 주도로 진행되며 인테리어 실천기(취향 확립기)로 가구의 배치나, 벽 장식 등을 직접 해보게 하는것도 중요하다. 사춘기에는 사생활이 보장되는 공간을 원한다. 주변을 관리하는 법을 배움으로써 스스로 청소하고 물건을 관리하고, 정리하기 등 스스로 공간을 가꾸는 방법을 알려준다.

아이 가구 고르는 법

사람은 일반적으로 50cm도 안되는 키로 태어나서 성인이 되면 세배 이상 자란다. 아이와 함께 사는 집은 아이가 커가면서 필요한 공간도 생각해야 한다. 아이가 어릴 때는 부모와 침실에서 함께 하거나 거실 일부를 아이 방으로 만들어 넓은 공간에서 부모와 아이가 함께 지내기도 한다. 여기는 아이 방, 여기는 침실 여기는 거실이라고 용도를 확정하지 않고 성장에 맞춰 방을 교환하는 방법이다. 아이 방을 비어 있는 상태로 두고 거실에서 비좁음을 느끼는 것보다 넓은 공간에서 부모와 자녀가 함께 할 수 있어 훨씬 쾌적한 공간으로 사용할 수 있다.

그러나 아이들이 사춘기가 되면 자기 방을 원하게 된다. 아이 방은 너무 공들이는 것보다 아이 스스로 공간을 수정하고 변화시킬 수 있는 여지를 남겨 놓는 것이 좋다. 기능적인 붙박이 수납장도 최소한으로 해서 움직일 수 있게 만들며 형제가 함께 의논하면서 방의 사용법을 결정 한다면 즐거울 것이다.

대부분 지금 아이의 성장에 맞춰진 어린이용 가구나 귀엽다는 이유로 저렴한 것을 선택하는 경우가 많지만 내구성이 약하거나 금세 질린다는 것을 생각해야 한다. 만화 캐릭터가 들어간 책상은 아이가 자라면 절대 쓰지 않는다. 책상은 심플하고 유행을 타지 않는 것으로, 의자는 아이의 성장에 맞춰 높이 조절할 수 있는 튼튼한 것으로 선택한다. 책장이나 의류 수납도 성장에 따라 물건이 늘어나는 것을 지켜보며 갖추는 것이 좋다.

용도에 따른 특별한 방

가족구성에 맞추어 방을 만들다 보면 남는 방에 대한 용도를 생각하게 된다. 남는 방은 여러 용도를 겸하는 다용도 방보다는 취미 방으로 만들더라도 내가 만들고자 하는 방의 용도를 명확하게 정하는 것이 중요하다. 용도를 명확히 세워야 잡동사니 방이 되지 않기 때문이다. 서재방도 그중 하나이다. 최근에는 집에서 작은 방을 침실로 사용하고 큰 방을 서재 겸 드레스룸으로 활용하여 좀 더 스타일리쉬한 공간으로 만들기도 한다.

❝ 디자인과 수납 동시 만족, 드레스룸 (붙박이장 & 시스템장 & 서랍장)

드레스룸은 기능이 우선시 되는 공간이지만 많은 물건을 깔끔하게 정돈하기 위해서 디자인적인 요소를 무시할 수 없다. 독립적인 드레스룸을 꾸밀 때 유용한 가구는 시스템장과 붙박이장이다. 붙박이장은 벽의 연장물로 우리가 알고 있는 빌트인 가구에 속한다. 큰 이불 수납이 가능하고, 시스템장에 비해 깔끔해 보이는 효과가 있다. 계절별 분리 수납이 가능하고, 입지 않는 옷을 감출 수도 있다. 그러나 오픈 형태가 아니다보니 원하는 옷을 찾기가 쉽지 않으며 부피가 커서 이동이 어렵고, 이사 갈 때 옮기는 비용이 발생하며 이사 갈 집의 사이즈에 맞지 않으면 다시 사용하기 어렵다.

시스템장은 오픈된 형태라 한눈에 모든 옷을 볼 수 있어 편이성이 높으며, 붙박이장에 비해 옆면의 폭이 좁아 시각적 답답함을 최소화 할 수 있다. 한쪽 면에는 전신 거울과 함께 포인트가 되는 스툴이나 1인용 이지 체어를 두어 독립적인 분위기를 한껏 살릴 수도 있다. 단점은 오픈되어 있는 구조라 먼지가 많이 쌓이고, 이불 같은 큰 부피는 수납하기 어렵다는 것이다. 시스템장은 오픈 행거형과 오픈 가구형으로 나누어 볼 수 있다. 오픈 행거형은 옷의 위치 파악이 쉽고 자주 입는 옷을 꺼내 입기에 편리하다. 철제 시스템 가구 형태로 다양한 컬러 행거와 시스템 선반장을 선택해 나에게 꼭 맞는 사이즈와 구성으로 조합할 수도 있다. 두 번째로 오픈 가구형 시스템장은 중간에 수납장이 있어 정리에 용이하며 오픈 타입으로 옷의 위치 파악이 쉽고 경우에 따라 도어 설치도 할 수 있다.

우리는 옷장, 한국의 장롱을 모두 포함하여 서랍장이라 부른다. 한때 옷장으로 사용하던 장롱은 신혼부부가 당연하게 구매하던 혼수품이었지만 지금은 결혼 준비 항목에서 많이 사라졌다. 드레스룸과 정교하게 짜맞춘 붙박이장이 장롱을 추방해 버린 것이다. 그러나 최근 디자인 분야에 재등장한 서랍장을 보면 독립형 옷장이 지닌 상징적 개념이 드러난다. 옷장은 이제 옷을 숨겨놓는 상자가 아니라 무언가를 표현하는 하나의 조형물이 되기도 한다. 서랍장을 구입할 때는 방의 크기와 동선, 다른 가구의 배치를 충분히 검토해야 한다.

—— **붙박이장과 시스템장의 사이즈 비교** (가장 중요한 차이는 폭의 넓이)

폭은 서랍장, 붙박이장, 시스템장 모두 공통적으로 400, 600, 800, 900, 1000mm 이렇게 총 5가지가 기본이며 5가지 이외의 사이즈는 기본 사이즈의 조합이라고 생각하면 된다. 서랍장, 붙박이장이 시스템장보다 측면 깊이가 깊은데 서랍장, 붙박이장은 보통 600mm 정도이고, 시스템장은 300~400mm 정도로 약 2배 정도 차이가 난다. 따라서 큰 부피의 짐이 많고 외관이 깔끔한 수납을 원한다면 붙박이장을, 좁은 공간을 최대한 활용하여 다양한 사이즈 조합이 필요하다면 시스템장을 선택하면 된다.

❝ 단순한 디자인의 조합, 서재

한쪽 벽면에 책상과 책장을 배치하는 레이아웃에서 벗어나는 것이 중요하다. 서재 특유의 무거움을 덜고 깔끔하게 배치해야 하며 서재의 창가 면이나 베란

다 확장 면에 맞도록 좁은 책상을 두는 것도 괜찮다. 책상은 보통 벽면 모서리나 창문 아래 붙여 놓지만 책상을 돌려 창문을 등지고 앉거나 서재의 중심에 책상을 놓기도 한다. 특히 책장과 독립된 형태의 책상을 고르는 것이 좋다. 책장이 일체형 세트로 붙어 있는 경우 학생용 가구 같은 느낌을 주며 책장은 분리해서 쓸 수 없기 때문에 배치에 한계가 생겨 가구 활용도가 떨어지기 때문이다. 최근에는 집 안에서 데스크탑을 이용하는 집이 줄어들어 서재 공간처럼 고정된 장소가 아닌 집안 어디든 편한 곳에서 노트북이나 태블릿을 사용하는 경우가 많다. 따라서 전형적인 책상보다 단순한 테이블에 가까운 것을 선택하는 것이 나중에 활용도가 높다.

　의자 역시 중요하다. 선택한 책상에 어떤 의자를 매치하느냐에 따라 공간의 분위기가 좌우된다. 오래 업무를 보는 경우라면 오피스 체어가 좋지만 디자인이 둔탁하고 불륨이 커 공간의 밸런스가 잘 맞아 보이지 않는다. 오피스 체어가 필요하다면 팔걸이 때문에 의자가 책상에 안 들어가는 경우도 있으므로 팔걸이 높이를 고려하여 책상을 구입해야 한다. 굳이 기능성 의자를 사용하지 않아도 된다면 컬러감 있는 디자인 체어를 매치하는 것이 좋다. 작은 소파나 안락의자를 함께 매치하면 라운지 스타일로 변화를 가져올 수 있다.

집안의 분위기를
살리는 '빛'

조명은 천장이라는 고정관념

우리 생활의 대부분의 조명기구는 천장에 달려있다. 거실과 모든 방에는 기본적으로 천장 한가운데 조명이 설치되어 있다. '조명은 천장 한가운데'라는 고정관념은 쉽게 바꾸기 어려운 현실을 대변한다. 천장에 조명을 설치하거나 바꾼다는 것은 쉬운 일은 아니다. 경우에 따라 조명기구 비용만큼이나 설치비나 전기공사 비용이 많이 드는 것이 천장 공사이기 때문이다. 사실 높은 공간에서 내려오는 빛은 우리에게 아주 익숙한, 아니 당연한 빛이다. 천장에 설치된 조명은 그 자체로 익숙하기도 했으며, 넓은 공간에 골고루 빛을 퍼트릴 수도 있다. 하부에 놓인 조명에 비해 그림자를 상대적으로 줄일 수 있는 위치이기도 하다. 어찌 보면 당연한 이런 이유로 조명 대부분은 천장에 달려있으며 효율적이고 익숙하다. 하지만 천장 조명은 한편으로는 매우 아쉬운 조명이다. '조명은 천장'이라는 고정관념만 벗어난다면 우리가 머무르는 공간의 빛 환경은 훨씬 풍성하고 아름다울 수 있다. 그러면 기존의 천장의 조명은 언제 사용할까. 바로 일주일에 한 번씩 돌아오는 청소할 때이다. 그 시간만큼은 집이 곧 작업공간이 되기 때문이다.

공간을 채우는 조명

우리가 공간을 밝힐 때 가장 쉽게 하는 생각은 천장 가운데 조명을 주어야 공간이 밝아진다는 것이다. 이는 바닥에 가장 효율적인 조명일 수는 있겠지만 공간의 명암을 지루하게 만들고, 한낮의 빛과 저녁시간 집의 분위기와도 맞지

않는다. 사실 편안한 공간을 창출하기 위해서 천장에는 되도록 조명을 달지 않는 것이 좋다. 밝고 큰 조명을 공간 한가운데에 설치하면 집 전체가 하나의 단조로운 공간으로 전락하여 집 안의 다양한 공간이 죽어버리기 때문이다. 천장의 한쪽 벽을 밝히는 조명, 벽의 조형물 뒤를 밝히는 간접조명 등 필요한 공간의 위나 옆에 각각 조명을 설치하는 것이 좋다. 가구 하나 바뀐 것이 없고, 도배나 바닥공사 하나 한 적이 없지만 조명으로 인해 우아하고 입체적인 공간이 될 수 있기 때문이다.

살면서 집안 곳곳에 있는 조명을 점검해 보면 가장 자주 사용하는 조명은 습관적으로 켜는 식탁 위 펜던트 조명과 소파 옆 플로어스탠드이다. 거의 매일 저녁 언제나 불을 켜두는 식탁 위 펜던트 조명은 부드럽고 따뜻한 공간을 만들어 주며, 집 안 생활 동선과 정서의 중심이 된다. 소파 옆 플로어스탠드는 조명 자체가 아름다울뿐더러 깨끗하고 하얀 벽을 무대 삼아 불을 켜면 위아래로 번지는 빛의 모습이 눈길을 사로잡는다. 플로어스탠드를 사용하는 이유는 가구에 맞춰서 자유롭게 배치하고 이동할 수 있기 때문이다. 이렇듯 조명은 집에서 빛이 주는 부드러움과 아름다움을 담당한다.

작은 변화로 큰 효과 (거실 & 주방)

집에 문제가 있든 없든 사람이 살고있는 대부분의 집에 적용되는 것은 바로 빛이 많아야 한다는 것이다. 빛이 공간에 부리는 마술은 놀랍다. 밝아서 시각적으로 넓어 보이는 효과도 있지만 따뜻하게, 푸근하게, 유쾌하게, 이야기하고 싶게, 털어놓고 싶게, 책을 읽고 싶게, 눕고 싶게, 안기고 싶게, 안아주고 싶게, 팔베개를 하고 싶게, 먹고 싶게, 요리하고 싶게 등 다양한 욕구를 자아내며 분위기를 만드는데 절대적이기 때문이다. 그러나 대부분의 조명은 천장에 달린 등 하나뿐이다. 그마저도 빛이 약하거나 불쾌한 차가운 빛이다. 조명은 단순히 햇빛 대용품이 아니라 그보다 훨씬 많은 기능을 가지고 있다.

기본적으로 아파트에는 모든 공간을 밝히는 조명이 있는데 여기에 추가로 두세 개의 조명이 있으면 더욱 좋다. 이 조명들은 천장의 조명보다 두세 배 더 밝고 특정 영역을 밝히는 용도로 사용한다. 책을 읽고 싶게 만드는 불빛은 소파 옆, 침대 옆에 배치하며 빛의 방향을 어떻게 조절하느냐에 따라 대화모드로 바뀔 수 있다. 부엌 싱크대와 작업대 위에도 집중 조명이 있으면 요리 분위기가 달라지며 그것만 켜고 있으면 오직 나만을 위한 요리, 당신을 위한 요리 공간이 되기도 한다. 또한 독서등, 그림을 비추는 조명인 스탠드 조명은 포근한 느낌이 없는 방구석 부분을 해결할 수도 있다. 어두침침한 곳에 스탠드 조명을 놓으면 방이 훨씬 크고 아름답게 느껴진다. 조명은 집에 새로운 공간을 만들어주기도 하며 조명만 잘 설치하면 독립적인 공간으로 탈바꿈할 수 있다.

빛은 애매한 공간까지도 활용도 높은 공간으로 인식하게 만드는 힘이 있으며 평소 사용하지 않던 공간을 자기만의 사적 공간으로 활용할 수 있게 만든다.

침실은 사적이고 내밀한 공간이자 꿈을 꾸는 공간이기도 하다. 수면과 연관되어 있다는 점에서 가장 자유롭고 편안하고 소중한 공간이며, 성인의 평균 수면시간은 7~8시간이라고 하니 우리가 가장 많은 시간을 보내는 곳이기도 하다. 우리는 하루 24시간 중 3분의 1을 침대 위에 누워서 지낸다. 따라서 인생의 3분의 1은 기록되지 않은 시간이며 기록되지 않은 역사이기도 하다. 침실은 사적이고 가장 은밀한 공간으로 침실에 대해 이야기 하는 것은 낯설고 수줍기도 하지만 삶의 커다란 일부를 이야기 하는 것이기도 하다.

'행복한 잠, 깊은 잠'은 어떻게 이루어질까? 잠이 부족하고 잠의 질이 떨어지는 이 시대에 몸에 직접 닿는 매트리스와 배게도 중요하다. 그러나 최고의 잠자리를 얻으려면 잠이 들고 깨는, 자신의 체질적인 유형도 알아야 한다. '잠이 잘 들고 금방 깨는 형'이 있는가 하면 '잠들기가 오래 걸리고 깨는 데도 오래 걸리는 형'이 있다. 그러니 '깜깜해야 잘 잘 수 있을까? 아무런 소리가 없다면 푹 잘 수 있을까?' 등 자기만의 적절한 잠자리 유형을 알 필요가 있다. 아파트의 정해진 조명, 조도를 사용하기보다 편안한 수면을 위해 간접조명을 주로 사용하고 사람의 키보다 낮은 위치에 조명을 설치, 조광기를 달아 밝기를 조절하여 나에게 맞는 수면 분위기를 연출하는 것이 좋다.

그럼 침실에 사용하는 '방등'은 왜 좋은 조명이 될 수 없을까? 수면을 취하는 동안은 시야에 밝은 빛을 직접 보는 것은 피해야 한다. 그런 관점에서 침실의 '방등'은 최악의 조명이다. 특히 사람이 누워있는 상태에서 천장 한 가운데 바닥을 비추는 조명이 있다는 건 결코 좋은 조명이 아니다. 따라서 누워야 하는 공간에는 플로어 스탠드나 테이블 스탠드를 두는 것이 좋다. 천장을 환하게 밝힐 수 있는 종류의 플로어 스탠드라면 어느 정도 방등을 대체할 수 있을 정도의 밝기를 만들 수 있으며, 침대 옆 테이블에 스탠드를 놓으면 잠들기 전 불을 끄고 어두워진 방에서 더듬더듬 침대를 찾아 다시 누워야 하는 불편함도 없앨 수 있다. 집의 규모와 그 속에 사는 나의 수면의 질을 생각한다면 비싼 조명, 멋진 디자인의 조명을 사는 것 보다 어떤 조명이 나의 수면의 질을 높일 수 있는가를 고민해봐야 한다.

균형 있는 조명 배치

어느 정도 조명 방식과 기구를 인지하고 조명 쇼룸을 방문해도 사실 조명 기구의 선택은 막막하다. 개인의 취향과 인테리어에 따라 어떤 기준으로 제품을 골라야할지 누구도 알려주지 않기 때문이다. 따라서 조명 기구를 고를 때 좋은 팁을 알고 있다면 이를 바탕으로 집 안에 어떻게 배치하면 좋은지를 계획할 수 있다.

사람들은 조명의 위치를 정할 때 '어쩔 수 없이' 사용자의 의도와는 다르게 배치하는 경우가 많다. 대부분 콘센트 위치가 정해져 있기 때문이다. 거실을 꾸밀 때 우리는 보통 가장 먼저 콘센트 위치를 찾는다. 거기에 텔레비전을 설치하고 맞은편에는 소파를 놓고 그 옆에 조명을 놓는다. 여기서 생각할 것은 소파가 놓인 이곳이 내가 거실에서 가장 편안하게 생각하는 곳이 맞는지? 소파에서 바라보는 창밖 전망은 좋은지? 소파 옆 조명의 위치가 적절한지? 등이다. 공간을 찬찬히 살펴보면 가구의 배치가 적절하지 못해 결국 조명의 배치도 그렇지 못한 경우를 흔히 볼 수 있다. 집주인은 소파에 앉아 있어도 마음이 편하지 않으며 적절치 못한 조명 배치는 제대로 된 휴식을 방해한다. 소파의 위치가 잘못되어 거실이 너무 좁아 보이거나 소파에 앉을 때마다 불편할 수도 있다. 그러니 공간에 이미 존재하는 설비들을 생각하지 않고 먼저 소파를 놓기에 가장 좋은 곳을 먼저 선택해보는 것이다. 거실이 넓어 보이고 전망이 좋은 곳에 소파를 배치하고 그 소파(가구)를 중심으로 콘센트 위치를 잡고 조명을 설치하는 것이 좋다.

조명은 취향, 인테리어 효과 등 여러 기준이 있지만 가구를 중심으로 배치하는 것이 효과적이다. 빛이 필요한 곳이 어딘지를 파악하는 것이다. 예를 들어, 천장등은 책을 읽기에는 반사가 심하거나 빛이 강하여 불편하고 설거지를 할 때는 그림자가 져서 가려지기도 한다. 이런 것들을 고려하면 조명을 설치할 위치를 정할 수 있다. 조명을 배치할 곳이 선정되었다면 빛의 관계를 고려해야 한다. 휴식을 취하는 곳은 간접조명으로 주변을 은은히 밝히는 것이 좋지만, 집중력을 필요로 하는 곳은 직접조명으로 환하게 계획하는 것이 좋다. 이처럼 조명은 가구와의 비례감, 빛의 확산 면적과 밝기의 균형감을 고려하여 배치하는 것이 효과적이다.

명품 조명 = 좋은 빛을 의미할까

인테리어는 바닥과 천장 철거를 시작으로 새로운 벽을 만들어 공간을 만들

기도 하지만 원하는 색으로 벽을 칠하고, 어울리는 가구를 구매, 배치하고, 예쁜 소품을 공간에 불어넣는 것까지 영역이 확장되고 있다. 그런데 막상 가구를 하나 고르려면 적지 않은 가격에 망설이게 되며 최근 명품 리빙 쇼룸을 방문하면 '0'이 하나씩 더 붙어 있는 가구의 가격이 놀랍기만 하다. 때문에 인테리어는 돈이 많이 든다는 인식이 존재한다. 그러나 막상 들어가는 돈에 비해 크게 극적인 효과를 느끼기 어려울 수도 있으며 특히 주거 특성상 자가 거주가 아닐 경우 언제 이사 가게 될지 모르는 공간에 투자하는 것을 낭비라 생각 한다.

기본적인 인테리어 마감에 식탁 위에 조명만 바꿔도 공간의 분위기는 확 바뀐다. 조명은 어찌 보면 시각적인 인테리어 요소가 될 수도 있다. 거실에서의 소파가 중요하듯 주방에서 식탁 테이블 위 조명은 비용 대비 가장 효율이 높은 인테리어 요소이며 분위기 있는 공간 연출을 할 수 있다. '좋은 조명'을 사용한다고 하면 수십만 원짜리 해외 명품 조명기구를 생각할지도 모르지만 그런 조명이 전부가 아니기에 우리 집 공간에 어울리는 좋은 '빛'을 가진 조명을 찾는 것이 중요하다.

어떤 빛을 써야할까

　우리의 몸은 낮에는 하얗고 푸른 주광색의 빛에, 저녁은 오렌지 빛의 전구색에 적응한다. 낮 시간에 활동하는 사무실에 주광색의 조명을 많이 사용하는 이유이기도 하다. 우리가 주거 내에 머무는 것은 해가 저물어가기 시작하는 늦은 오후부터이다. 그러나 우리가 사용하는 방등은 보통 새벽을 알리는 푸른빛의 주광색 형광등이다. 이는 자연이 만든 사이클과 맞지 않은 빛 환경이다. 예민한 경우 불면증이나 우울함의 원인이 될 수 있다.

　그럼 '좋은 빛'을 가진 조명은 어떤 것일까. 바로 주백색으로 불리는 4000K 조명으로 형광등과 전구의 중간색 조명이다. 너무 붉지도, 하얗지도 않은 적절한 중간색이다. 4000K의 조명을 잘 활용하면 공간의 빛은 보다 나아질 수 있다. 오렌지색 조명을 사용할 때의 침침함은 없애면서 저녁시간에 켜는 형광등의 어색함은 상쇄시킨다. 거실과 부엌의 천장 조명은 3000K의 전구색 계열의 조명으로 따뜻하게 만들고, 식탁이나 거실의 소파 테이블, 싱크대와 같은 공간은 4000K 정도의 조명을 주변보다 조금 더 밝게 사용하는 것이다. 거실 천장의 형광등은 낮 시간 밝은 태양광과 큰 대비를 보완하기 위해 사용하고, 저녁시간에는 낮은 색온도의 할로겐 타입 다운라이트와 소파 옆 플로어 스탠드를 사용해보는 것도 좋은 대안이 될 수 있다. 공부방이라면 천장의 조명은 4000K 조명으로, 책상 위 스탠드는 5~6000K 주광색 조명을 사용하면 휴식시간의 낮은 색온도와 집중하려 할 때의 높은 색온도를 함께 가져할 수 있다. 조명 빛 하나로 전혀 다른 우리 집 모습은 내 이야기가 될지도 모른다.

그러나 좋은 빛이라고 무턱대고 낮은 색온도와 간접조명만을 사용한다면 그 빛은 누군가에게는 조금 불편한 조명이 될 수 있다. 노인들은 전구색은 '침침하고 답답한 조명'이라 생각하여 더 밝고 환한 형광등 조명을 원한다. 이미 형광등에 익숙해졌기 때문이기도 하지만 60세 이상이 되면 일반적으로 필요한 것보다 2배 정도 높은 조도가 필요하다고 하니 일반인이 느끼는 밝기 차이보다 노인이 느끼는 밝기 차이가 더 심하다는 것을 알 수 있다. 그러므로 노인의 주거 조명은 3000K의 전구색 램프와 4000K의 빛을 적절히 혼합하여 사용하는 것이 좋다. 그럼 갓난아이가 있는 경우는 어떨까. 갓난아이의 경우 빛에 더 민감하다. 성인보다 수정체가 맑아 성인보다 밝게 보이며 눈부심도 더 잘 느낀다 한다. 그러므로 천장 한가운데 달린 주광색의 방등은 생각보다 많은 눈부심을 가져다준다. 늘 천장을 바라보고 누워있는 갓난아이가 있다면 수면등과 같은 간접등을 벽에 설치하여 눈부심을 최소화 하도록 한다. 집이라는 공간에 연령이 다른 사람들이 모여 살다보니 같은 빛이더라도 그 빛 속에 함께 생활하는 사람들을 이해하고 계획하는 것이 중요하다.

6

완벽하지 않아도 괜찮아,
오늘이 행복해지는 우리 집

행복한 상상

보기 좋은 집, 호텔 같은 집

'행복한 집은 어떤 집일까?'

인스타그램에 올려진 집들을 보면 사람이 없는 집 사진이 대부분이다. 사람이 활동하고 오가고 모이고 앉고 서고 눕고 이런 일상 모습이 담긴 집 대신 잘 정리되고 잘 꾸며진 집, 즉 '예쁜 집', '멋있는 집'의 사진들이다. 물론 유행하는 트렌드에 맞춰 예쁜 공간, 멋있는 공간을 만드는 것도 중요하다. 하지만 무엇보다 그 안에 사람의 움직임이 보여야 주거공간의 실제 모습을 볼 수 있는 게 아닐까? 그러니 소셜 미디어나 잡지에 실리는 집 사진은 말 그대로 보기 좋은 '집 사진'이라고 할 수 있다.

사람의 흔적이 없는 집은 보통 새 집에서 느껴지는 경우가 많다. 사실 사람도, 소리도, 냄새도 느낄 수 없고 만져볼 수도 없는 화보 속 집이나 다름없다. 일상적인 우리 집은 혼잡하고 번잡하고 어지러움의 연속이며 연출된 장면도 없다. 사실 365일 예쁜 집으로 꾸며진 집은 참 매력적이다. 이렇게 꾸며진 집을 보고 우리는 '행복'이라는 단어를 떠올리며 집을 쇼핑하고 꾸미게 된다. 하지만 집의 진가는 '보기 좋은 집'으로 꾸밀 때 보다는 완벽하지 않아도 나와 함께 하는 가족과 이야기가 담긴 물건, 가구를 들여다보며 '행복한 집'으로 바꾸어 갈 때 발휘된다. 집은 드라마나 영화의 세트장이 아닌, 나 또는 가족의 스토리가 담긴 곳이기 때문이다.

이상적인 집에 대해 대부분의 사람들은 '호텔 같은 집에 살고 싶다', '호텔 같은 생활을 해보고 싶다'라고 이야기 한다. 호텔에서의 생활은 모든 사람이 동경하는 생활이다. 매일 청소, 시트, 수건을 갈아주고 끼니마다 다른 식사가 준비되며, 하물며 물기 없는 화장실을 매일 사용할 수 있는 것 등 무엇 하나 불편함 없이 지낼 수 있는 환경이다. 하지만 이런 호텔 같은 집과 일상의 집이 주는 '안정감과 편안함'은 심리적 만족도에서 동일하게 작용될까? 호텔에 머물며 생기는 좋은 감정들은 아마도 여유롭고 찬란하고 화려한 순간에서 생기는 것 같다. 일상적인 생활이 아닌 완벽하게 정리된 침대, TV 외에는 아무것도 없는 테이블, 빛나는 가구와 의자들, 손자국 하나 없는 거울과 뻣쩍이는 대리석으로 만들어진 욕실로 호텔은 가장 특별한 공간이 된다. 우리는 호텔을 모델로 삼아 우리가 사는 집을 만들기도 한다. 호텔 객실 분위기를 내기 위해 부부침실 안에 파우더룸과 욕실을 하나로, 의미 없는 세트구성을 만들기도 하며 거실을 호텔 로비나 갤러리처럼 만들기도 한다. 하지만 호텔 같은 집은 안락하고 편안한 집은 될 수 없다. 호텔은 결코 집이 될 수 없기 때문이다.

드라마 속 집

드라마는 시시콜콜한 '일상'을 다루는 경우가 많다. 연애, 결혼, 이혼, 싱글 등 다양한 이야기가 펼쳐지고 그 속에서 여러 집들이 등장한다. 다양한 세대, 다양한 라이프스타일을 다루기에 각기 다른 취향의 집을 보여주며, 한 시대의 집 모습을 그대로 담기에 드라마를 통해 또 다른 시대의 스타일도 구경 할 수 있다.

응답하라 시리즈 드라마에 나오는 집은 시대를 반영하는 동시에 등장인물에게 맞는 집이다. 스토리와 직업이 잘 매치되어 이 등장인물은 정말 그런 집에서 살아야 할 것만 같은 집이다. 스토리가 재미있는 드라마 'sky 캐슬'에서는 등장인물의 환경과 직업 구성으로 집이 삶의 공간으로 느껴지기보다 등장인물들의 계급과 재산의 위엄을 보여주기 위한 도구로 보여진다. 4가족 중 한

서진(염정아)의 집은 본인의 본모습을 감추고 주변 사람들에게 고상한 여자로 포지셔닝되어 가장 세련된 공간으로 표현되며 한서진과 라이벌 관계이자 가장 인간적이고 인성이 좋은 가족으로 그려지는 이수임(이태란)의 집은 화려하고 사치스러운 가구보다 식물이 자주 등장하고 감성적이고 인간적인 느낌을 주는 집으로 표현된다. 등장인물이 열등감으로 뭉친 찌질한 자신을 감추고자 하는 노승혜(윤세아)의 집은 억압적인 공간 분위기를 표현하고자 등장인물보다 공간이 높고 어둡게, 중압감이 드는 집으로 표현한다. 바꿔 말하면 드라마의 집은 일상적인 집보다는 그 등장인물이 사는 그들다운 집으로 표현한다는 뜻이다.

'남자친구' 드라마의 경우 신입사원과 대표의 사랑이야기로 그들이 사는 집은 각기 다른 삶을 보여준다. 신입사원(박보검)은 순수 청년으로 요즘 찾아보기 힘든 필름 카메라를 가지고 다니며 자기만의 눈으로 세상을 담는 인물이다. 전체적으로 아날로그적인 감성을 드러내며 복고풍 느낌으로 그려진 집은 따뜻하면서도 추억이 많은 집으로 표현된다. 반면 대표(송혜교)의 집은 깔끔하면서 모던한 분위기의 집으로 외로이 혼자 살아온 쓸쓸한 분위기들이 많이 보여지며 집안 곳곳에 유독 멋진 그림들의 배치가 눈에 띄게 들어오는데 이는 등장인물의 현 모습을 보여주기도 한다.

드라마가 흥미로운 건 시대의 상황에 맞는 집 모습도 보여주기도 하지만 현실 속에 없는 집도 그려낸다는 점이다. 드라마 '도깨비'의 경우 도깨비와 저승사자가 같이 사는 집이 그려지는데 극중 도깨비(공유)와 저승사자(이동욱)의 성향과 스타일이 다른 것처럼 방도 각기 다르게, 어둠과 밝음이 교차하는 분위기로 구성된다. 지은탁(김고은) 방은 도깨비와 저승사자의 취향이 반반 섞인 스타일이다. 주인공의 모습과 닮은 집은 참 신기하고도 집에 대한 상상을 넓히는데 재미난 역할을 한다.

기분 좋은 집

오감 + 육감

허전하고 썰렁하던 집은 편안한 가구와 소파를 갖추면서 하루를 마무리 할 수 있는 좋은 집이 되었다. 그러나 시각적으로 눈에 비치는 모습이 만족스럽다고 정말 좋은 집이 된 걸까? 손으로 쓰다듬고 싶은 것 하나 없으며, 공중에 떠도는 은은한 향도 없는 집은 좋은 집이 될 수 없다. 따라서 기분 좋은 집이란 오감을 즐겁게 자극해 주는 집이다. 공간의 크기와 상관없이 안락함이나 편안함은 오감을 통해 자극 되는 감각이다. 마음에 고스란히 새겨진 물건의 배치와 분위기는 우리에게 미세한 정보를 전달해 좋은 기분이 들게 한다.

청각이 인테리어와 무슨 관계가 있을까 의아할 수 있지만 이웃의 망치 소리, 개 짖는 소리, 자동차 소리 같은 요란한 소음을 생각하면 쉽게 이해가 간다. 소음 대신 듣기 좋은 소리를 공간에 들여놓을 수 있을 것이다. 내가 가장 좋아하는 음악은 언제나 훌륭한 선택이며 멋진 공간과 음악은 뗄 수 없는 사이이다. 공간에 흐르는 음악은 집안의 분위기를 결정하는 큰 요소이며 집주인의 센스와 가치관을 알 수 있다.

촉각은 육체적인 안락과 관계가 있다. 의자에 앉았을 때의 아늑한 기분, 테이블의 나무 질감, 천이 피부에 닿는 느낌부터 소파에 푹 파묻히는 느낌, 침대에 누운 느낌에 이르기까지 사람은 몸에 닿는 모든 것에서 온기나 스트레스와 같은 감각을 느낀다. 촉각은 우리가 지닌 가장 중요한 감각 중 하나이다. 편안한 느낌을 주는 패브릭을 거실 바닥에 깔아줌으로써 집의 다른 구역에 들어섰다는 것을 발이 느끼게 해준다. 캐시미어, 모피, 벨벳, 두툼하고 부드러운 카펫과 러그 같은 고급스러운 패브릭이 몸에 닿을 때 풍요롭고 안락하고 돌봄을 받는 느낌을 경험하게 된다. 베개와 쿠션도 촉각을 자극한다. 베게에 머리를 누이거나 등을 기댈 때 근육이 긴장을 풀고 이완할 수 있게 해주며 보기에도 좋고 느낌도 좋은 크고 푹신한 쿠션은 사람을 금세 행복하게 해준다. 우리는 집에서 항상 물건을 만지고, 그 물건도 우리를 항상 만진다. 따라서 물건을 고를 때 촉각으로 느끼는 좋은 기분을 소중히 생각하는 것이 중요하다.

　공간에 대한 기억은 시각적인 것보다 후각적인 것이 더 오래 남는다. 집에 대한 첫인상 역시 후각적인 요소가 많은 부분을 차지한다. 남의 집에 가서 현관문을 여는 순간, 오감 중 무엇이 가장 먼저 작용 할까? 바로 '냄새'이다. 다른 사람의 집에 방문했을 때 '왠지 이 집에서 나는 냄새는 쾌쾌하고 불쾌하다'고 느낀 적이 있을 것이다. 그만큼 사람은 시각보다 먼저 냄새에 민감하다. 현관문을 들어서는 순간 좋은 냄새가 난다면 그 집은 그 시점에서 호감도가 상승된다. 좋은 향기가 나니 '안에 들어가 보고 싶다'는 마음으로 변화한다. 반대로 현관문을 여는 순간 이상한 냄새가 난다면 그 시점에서 집 안에 발을 들여놓고 싶은 마음이 사라진다. 인테리어가 아무리 돋보여도 현관 앞에서 망설이게 된다. 그러나 사람들은 보통 평소 자신의 집에 나는 냄새를 신경 쓰지 못한다. 집 안 고유의 냄새는 존재하지만 생활하는 본인은 냄새에 익숙해져 잘 느끼지 못하기 때문이다. 몇 년 전만 해도 집안의 공기 정화를 위해 향초를 피우거나 탈취제를 사용하는 것이 최선의 방법이었다. 그러나 지금은 나쁜 냄새를 없애기 위한 목적 외에 힐링을 돕기 위해서라도 천연 아로마 오일을 넣은 향초나 아로마 오일 램프를 사용한다. 이것들은 집안을 더욱 쾌적하고 안정감을 줄 수 있는 행복한 집으로 만드는데 사용된다.

　미각은 카페나 레스토랑을 연상하면 쉽게 이해할 수 있다. 멋진 공간에서 식사를 하면 몇 배나 맛있게 느껴질 때가 있다. 언뜻 보기에 관계가 없는 듯해도 공간은 미각에 큰 영향을 준다.

우리에게는 오감뿐만 아니라 육감도 있다. 한밤중에 잠에서 깼을 때를 상상해 보자. 몸은 일어난 지 얼마 되지 않아 잠결에 제대로 걸어 다니는 것조차 힘들고 눈은 떠지지 않아 볼 수 없지만 우리는 미묘한 그림자의 움직임이나 공기의 떨림을 다르게 느끼며 집 안의 물건을 찾아낸다.

기분 좋은 집은 이렇듯 우리의 시각을 다채롭게 열어주며, 청각은 집안의 분위기 바꾸어주고, 촉각은 집을 매만져주며, 우리의 후각과 미각은 집을 상상하게 만든다. 좋은 집이 우리의 다양한 오감과 육감을 깨워 자극할수록 집은 안락하고 편안해지며 집안의 공기가 더욱 풍부해 진다.

행복한 우리 집

행복하게 산다는 것은 긍정적인 감정을 불러일으키는 집과 물건에 둘러싸여 있다는 것을 말한다. 집과 물건은 우리에게 심리적 안정을 남긴다. 오래된 추억을 가진 물건과 함께 할지, 아무런 느낌이 없는 '그냥' 예쁜 물건과 함께 할지는 각자의 손에 달려 있다.

오랜 추억을 가진 내 물건은 날마다 봐도 기분이 좋고 언제나 설레는 물건이다. 오래된 물건일수록 좋은 기억을 떠오르게 하고, 결국 그 물건만의 상징적인 의미를 지니게 된다. 집에 들어오는 현관에 기분 좋은 물건들은 두었을 때면 오가며 바라보며 근사한 하루를 시작하기도 마무리하기도 한다. 너무 오래되어 그 물건의 기능을 발휘하지 못하더라도, 모양이나 색깔이 우리 집과 어울리지 않더라도, 함께 한 추억으로 쉽게 버리지 못하고 대부분 다시 사용하게 된다. 결국 흔한 장식품보다 나의 이야기가 있는 물건, 나에게 소중한 물건, 내가 좋아하는 물건이 유명 화가의 그림이나 소품보다도 더 의미 있고 값어치 있는 행복한 집을 만든다.

어느 날 시댁에서 잡동사니가 너무 많아 버릴 물건들을 정리해 거실 밖으로 물건을 꺼내 놓았다. 다락에서 아주 많은 물건들이 나오기 시작했다. 보자기에 싸여있는 이불부터 사용하지 않는 전기 포트, 밥솥, 낡아빠진 가방과 옷, 예전에 가지고 놀던 장난감까지 나왔다. 그중에 아주 커다란 여행용 가방이 하나 있었다. 보아하니 요즘에는 아무도 들고 다니지 않는 여행용 가방으로 이걸 어떻게 들고 다녔을까 할 정도로 꽤나 무거웠다. 요즘 나오는 캐리어와는 비교도 안 되는 무게감이었다. 이 무거운 여행 가방은 언제부터 여기에 있었는지 궁금했다. 어머님 말에 의하면 남편의 할아버지는 운수 사업으로 일본 왕례를 많이 하셨는데 일주일에 한 번씩 서울에 오실 때면 이 가방을 늘 가지고 다니셨다고 한다. 그리고 가방 안에는 기다리는 손주(남편)를 위해 사탕, 과자, 빵, 과일이 항상 가득했다고 한다. 여행 가방이자 선물 가방이었던 셈이다. 이게 할아버지가 돌아가셔도 그 가방을 끝내 버리지 못한 이유라고 하셨다. 그 가방을 보고 있을 때면 지금도 설렘이 가득하다고 하니 얼마나 행복한 물건이었을까? 이제는 무겁고 사용할 수 없는 물건으로 꺼내놓은 물건이지만 그 이야기를 들은 나는 이 가방을 가져오고 싶었다. '버려질 뻔한 물건'이 되었지만 남편과 할아버지의 소중한 이야기를 담은 가방은 다른 모습으로 재사용될 수 있을 것만 같았다. 단단한 가죽, 꼼꼼하게 박혀있는 박음질, 매일같이 들고 다녔기에 맨질맨질 해진 손잡이. 수명이 다 되었는지 가죽 위쪽은 푹 꺼져 버린 상태지만 오래되었어도 내가 보기에는 꽤 쓸 만해 보였다. 이렇게 우리 집에 들어온 오래된 물건(가방)은 어느 날 새로운 풍경을 가지게 되었다. 증조할아버지의 오래된 물건(가방)이 손주의 비밀 상자가 된 것이다. 선뜻 가져오면서도 기능을 다 하지 못해서 장식품이 될 것 같아 못내 아쉬움이 있었는데 아이의 커다란 비밀 상자가 된 이 여행 가방은 아이와 함께 서로 의지하며 성장해 갈 것이다. 증조할아버지의 오랜 물건(가방)은 내 아이에게 또 다른 새로운 추억을 쌓을 수 있는 기회가 되었다.

즐거운 파티

파티는 위대하지 않다. 왜?

해마다 연말이면 여러 모임으로 파티 소식이 들린다. 한 해를 즐겁게 마무리 하기 위해 다양한 파티를 약속하게 된다. 맛있는 음식이 준비된 화려한 파티 장소에 다양한 사람들과 만나다 보면 한 해가 다 지나가기도 전 마음속 공허함 은 더 커지고 파티가 끝나기도 전에 몸은 점점 더 지치게 된다. 결국 즐거워야 하는 파티가 공허함만 남기게 된다.

화려한 레스토랑이나 호텔에서 열려야만 파티가 되는 걸까? 사실 그것도 아 니다. 젊은이들만이 파티를 하는 것도 아니고 친구나 동료들끼리 모여야만 파 티가 되는 것도 아니다. 남녀노소 연령 구분 없이 모두가 모이면 파티다. 가족 들이 모여도 파티이며 밖에서가 아니라 집에서 모이는 것도 파티이다. 집은 은 밀한 가족 공간이기도, 나 혼자만의 공간이기도 하지만 너무 잘 아는 사람들과 부대끼다 보면 일상이 자칫 지루해질 수 있기에 다양한 손님을 맞이하는 파티 는 집을 새롭게 사용할 수 있게 만든다.

집으로의 초대가 조금 부담스럽다면 '일상에 초대하기'로 내가 어딘가로 가 는 것이 아닌 가까운 지인들, 평소에 얼굴만 알고 지내던 사람들, 예전에는 친 했지만 뜸해진 친구들을 나의 일상으로 초대하는 것도 좋다. 나를 드러내고 나 만의 공간을 주변 사람들에게 보이는 것이 부담스럽고 겁날 수 있지만 그들과 함께하는 파티는 시도해볼 가치가 충분하다. 나에게 익숙한 공간에서 그들과 함께 웃으며 즐기는 행복한 나 자신을 발견 할 수 있기 때문이다.

파티를 즐기기 위해서는 공간과 물건의 활용을 생각하고 집을 좀 더 풍성하게 만들기 위한 궁리를 해야 한다. 원활한 파티를 위해 네모난 상을 준비할까, 아니면 둘러앉는 원탁을 준비할까? 부족한 의자는 접이식 의자를 사용할까, 바 의자를 사용할까? 서빙 테이블은 어떻게 준비할까? 방석을 준비해야 할까? 소파 위에 쿠션은 어떤 것이 좋을까? 소파의 위치는 어디가 좋을까? 등 일상의 공간이 파티를 위한 공간으로 변화된다. 파티 준비를 하는 동안 집은 새로운 시각으로 바라볼 수 있고, 파티가 끝나면 일상으로 돌아온 집을 더 소중하게 생각하게 생각할 수 있다. 화려하지는 않지만 나의 소소한 물건들과 공간에 대한 작은 신경이 초대받은 이들에게는 기억에 남는 파티 공간이 될 수 있다. 화려한 파티 공간을 어렵게 구하고 비싼 값을 치르지 않아도 주변 사람들과 함께함으로써 집은 사소하지만 행복한 공간이 된다.

부담 없는 파티

집에서 시작하는 파티는 '손님 치르기'라는 의미로 질색하는 경우도 있다. 이 무게감은 음식 준비에 대한 부담감, 피로감, 손님을 맞이하고 난 후 가지각색의 후유증으로 더욱 가중된다. 출장요리, 뷔페 서비스 등 음식을 제공하는 업체들도 많지만 그 비용 역시 많은 부담이 되어 사실 '집들이'라고 하는 문화는 사라지고 있다. 그리하여 등장한 파티가 '포트럭 파티'이다. '포트럭 파티(pot-luck party)'는 미국, 유럽에서 보편화된 파티 형태로 초대받은 사람들이 한두 가지 종류의 식사, 요리를 해서 정해진 장소에 모여 다 같이 즐기는 파티이다. 결국 '포트럭'이라는 말은 '각자 요리 하나씩 가져오기'를 의미한다. 포트럭 파티의 경우 초대한 사람들이 모여서 메인요리, 샐러드, 디저트 등 먹을 음식 목록을 공유하고 그중에서 음식을 골라 지참하도록 한다. 집주인 입장에서는 음식을 준비하는 수고를 덜 수 있으며 초대 받은 손님들은 서로의 음식 솜씨를 맛볼 수 있어 소중하고 값진 것을 먹으니 마음도 행복해진다. 파티가 끝난 후에도 간단히 치울 수 있으니 함께 즐기는 부담 없는 파티가 아닐 수 없다.

손님이 모여드는 방

우리가 꿈꾸는 파티는 어떤 걸까? 혹시 거실에 커다란 소파와 테이블이 있고 주방에는 독립형 아일랜드와 6인용 식탁이 있어야만 파티를 할 수 있는 걸까? 사실 간단히 준비한 커피 향에 이끌려 사람들이 모여드는 곳은 주방이다. 주방은 거실과 또 다른 안락감으로 주방으로 들어온 손님들과 집주인이 자연스런 수다를 시작할 수 있는 공간이 된다.

주방에 모여드는 이유는 또 있다. 주방은 언제든 출출함을 달랠 수 있는 곳이며, 냉장고만 열면 먹고 싶은 시원한 음료수가 있다. 손만 뻗으면 무엇이든 다 가져올 수 있으니 이보다 더 좋은 공간이 어디 있을까. 거실이나 방에서 나오는 음악 소리를 피해 진지한 이야기도 이어갈 수 있고, 대화 중 빈 잔이나 접시를 채우기 위해 장소를 옮길 필요도 없으니 사실 주방에 모여드는 비밀은 많다. 식탁 의자나 거실 소파는 한번 앉고 나면 그 자리가 지정석 되기 쉽다. 자유롭지 못한 공간에서 벗어나 다양한 사람들과 또 다른 화제를 마주 할 수 있으며, 늦은 밤 남은 와인 한 방울까지 비워가며 이야기를 나눌 수 있는 곳이다. 시대가 변해도 주방의 이러한 풍경은 쉽게 달라지지 않을 것이다.

우리 집에서 한번 모이는 거 어때?

직장인으로 살다가 결혼 후 프리랜서가 되어 일과 육아를 동시에 했지만 왠지 모를 불안과 후회로 나의 삶이 걱정되기 시작했다. 다른 사람들은 어떻게 생활하는지가 궁금했고 결혼 후 고민하는 것들에 대해 제일 가까운 친구들과 이야기를 나누기 시작했다. 각자의 삶으로 소원해진 친구들이지만 나이를 먹고, 삶의 방식이 바뀌어도 고민 이야기는 모두 공감되었다. 다들 바쁠 거라 생각하고 지나가는 말로 '우리 집에서 한번 모이는 거 어때?'라고 던진 초대는 현실이 되었다.

집에 온 친구들이 가장 마음에 들어 하는 공간은 다이닝 룸으로 따스한 햇살이 내리쬐는 이곳에서 점심을 먹고 차를 마시고 수다를 떨었다. 밖이 어둑어둑해질 무렵 따스한 조명 아래 오순도순 앉아 마시는 술은 그 어느 술집보다도 분위기가 최고였다. 모든 경계를 푼 나와 자신의 집처럼 편안함을 느끼는 친구들은 꾸밈없는 서로의 이야기를 나누었고, 이는 즐거운 에너지가 되어 행복감을 가져다주었다. 집이 주는 특별함 때문일까? 깊고 깊은 이야기는 하룻밤을 꼬박 지내고야 마무리되었다. 친구들이 돌아간 뒤 집을 치우며 '정말 만나기를 참 잘 했다'는 생각이 들었다. 내가 이런 일을 벌일 수 있다는 사실에 놀랍고 행복했다. 평범했을 나의 저녁 시간, 나의 일상이 좋은 친구들과 즐긴 멋진 파티가 되었으니 다시 일상으로 돌아가더라도 행복하게 살아갈 힘이 되었다.

평생 함께 할
물건

직장생활 1~2년차 때는 '일한다'는 개념을 제대로 이해하지 못한 미숙함에 스트레스를 풀기 위해 정말 쇼핑을 많이 했다. 회사에 입고 갈 옷이 없다는 이유로 끊임없이 사들인 옷은 지금은 단 한 벌도 남아 있지 않다. '언젠가 필요할지 모른다'며 욕심껏 사들인 재킷들과 명품 브랜드니까 산 물건들까지, 결국 한 번도 입지 못한 채 처분되는 신세의 물건들이 점점 늘어나게 되었다. 이런 씁쓸한 경험은 서른 살 이후 결혼을 한 후의 물건 소유나 구매에 엄청난 영향을 미쳤으며 갖고 싶어서 산 물건이 시간이 조금 흐른 뒤 무용지물이 되어버리는 건 참 슬픈 일이라는 사실을 알게 되었다. 그런 반성의 시간 위에 평생 함께 할 물건과 행복하게 잘 살고 싶다는 생각을 하게 되었다.

현명한 소비의 조건

유행에 따른 값싼 물건을 즐기는 사람이 많다. 이런 소비 패턴으로 쉽게 물건을 선택하고 또 다른 새로운 물건으로 대체 하다보면 진짜 좋은 것을 찾아내는 안목을 기를 수 있는 기회를 놓치게 된다. 아무리 쇼핑을 해도 '물건 선택에 대한 성장이나 배움'은 없게 된다. 나는 아주 큰 부자도 아니고 원 없이 좋아하는 것을 살 수 있는 능력도 없다. 그렇지만 좋은 물건을 무리하지 않는 선에서 구매해 소중하게 사용하고 싶다. 그리고 마음에 들지만 너무 고급스러워서 살수 없는 것은 '언젠가 살 수 있을 만한 내가 되면 좋겠다'는 동경으로 간직한다.

현명한 소비를 위해서는 자신의 소비 사이클을 파악하는 것이 좋다. 기분 좋게 살아가기 위해서는 무엇을 얼마만큼 소유하고, 어떤 것을 사야 좋은지를 파악할 수 있어야 한다. 그러면 무엇보다 물건이 넘쳐나는 생활에서 해방될 수 있다.

우리가 물건을 구매하는 패턴은 몇 가지로 나누어 볼 수 있다. 갖고 있지 않은 물건이므로 구입하거나, 있는 물건을 새것으로 교체하기도 한다. 필수품은 아니지만 소유하고 싶어 사기도 하며 사람들과의 관계 때문에 받거나 구입하기도 한다. 이중 소유욕을 채우기 위해서, 내가 갖고 있지 않다는 이유로 물건을 구입하는 것은 가급적 피해야 할 패턴이다.

가전제품, 옷, 가방, 그릇, 냄비, 수세미, 문구류 하나까지 지금 내가 가지고 있는 물건을 떠올려보면 어떤 감정이 생기는가? 물건이 너무 많아서 생각나지 않을 수도, 별 감흥이 없을 수도 있다. 물건들이 '좋은 파트너', '단짝 친구'라고 생각한다면 어떨까? 꼭 필요할 때마다 도움을 주는 든든한 파트너가 늘 우리 집에 있다면 집은 '돌아가고 싶은 집'이 될 것이다. 또한 물건에 대한 충동구매도 조금은 다시 생각하게 된다. 물건이 소중한 파트너라고 생각하면 함부로 다루거나 방치하지 않고 오래오래 정중하게 애용할 수 있다.

반면 무엇을 가지고 있는지조차 모를 만큼 물건이 넘치면 그건 파트너가 아니라 '무거운 짐'이 되어버린다. 집에 돌아와도 긴장을 풀지 못하고 만족감이 좀처럼 생기지 않는다. 이 공허함을 채우기 위해 다시 새로운 물건으로 눈을 돌리면 결국 물건의 수만 늘리게 된다.

집안을 '기분 좋은 파트너가 있는 쾌적한 장소'로 만들기 위해서는 진짜 파트너가 될 물건만 엄선해야 한다.

좀처럼 포기하지 못하는 물건도 있는데 이런 물건에는 공통점이 있다 바로 실패, 후회, 반성의 감정이다. 취미로 시작했다가 도중에 그만두고 방치된 쿠킹 도구들, 필요할 때마다 사서 집 어딘가에 늘 비치돼 있던 봉투, 온갖 소모품들, 심지어 앞으로 떨어질 것을 대비해 사둔 여벌의 옷이나 양말 등이다. 이런 물건을 처분하는 행위는 곧 자신의 실패를 인정하는 일이라 결코 유쾌하지 않다. 보고도 못 본 척, 몇 년을 가지고 있던 이유가 바로 이것이다. 언젠가는 쓰겠지, 실패한 경험을 남기기 싫다, 잊고 싶다 등의 마음이 모여 사용하지 않는 물건을 쌓아둔 채 무용지물로 만든다. 하지만 구매에 실패한 물건을 쌓아두기만 하면 집안이 너저분해져 생활이 어렵다. 따라서 맘먹고 한 번은 제대로 정리하고 처분할 필요가 있다. 수납한 내용물을 전부 꺼내 '실패의 산물'을 확인하고 정리하되 이때 '나중에 쓴다'는 생각은 하면 안 된다. 지금까지 쓰지 않은 물건을 나중에 다시 쓸 리 없다. 물건을 버림으로써 생기는 가장 큰 이점은 함부로 사지 않게 되는 것이다. 하나하나 따지면 작고, 액수가 작다 해도 그것이 평생 쌓이면 만만치 않은 규모와 비용이다.

‟ 자신의 소비량 파악

집에 있는 것과 필요한 것은 다르다. 지금 집에 있는 물건의 양이 그 집에 가장 적합한 양은 아니다. 장에 가득한 컵, 서랍장에 쌓아둔 수건들 떠올려보면 '원래 이 정도는 갖고 있었다'는 생각은 선입견일 뿐, 실제로 쓰는 건 훨씬 적다. 즉, 집에 있는 양이 필요한 양은 아니라는 것이다. 특히 화장대에 쌓여 있는 화장품들. 살펴보면 개봉해 절반쯤 남아 있는 것들이 대부분이다. 오래된 화장품을 맨살에 바르는 건 왠지 찜찜하고 버리기에는 아깝다. 누구를 줄 수도 없다. 이런 사태가 생기는 이유는 '맘에 드는 물건을 써보고 싶다', '덤으로 받았다', '기분 전환을 위해 그냥 샀다' 등 소유욕에 구입을 했기 때문이다. 집에 얼마만큼의 화장품이 남아 있는지 파악하지 않은 것이다. 새로 화장품을 살 때는 화장품을 얼마 동안 사용하는지 파악해야 한다. 예를 들어 몇 개월에 몇 병을 사용하지는 알아가는 것이다. 식재료도 마찬가지다. 소비량보다 많이 사면 당연히 유통기한을 훌쩍 넘겨버린다. 자신의 적정 소비량을 파악해 계획적으로 물건을 구입하는 것이 필요하다.

물건이 많아져 집안이 어지러워지면 흔히 '물건을 줄이자. 버리자' 하는 생각을 먼저 한다. 하지만 버리려고 하는 물건도 원래는 '필요해서 행복해지기 위해' 사온 것이다. 그나마 그 물건을 오래오래 사용한 추억이 있다면 다행이지만 별로 사용하지도 않고, 그것이 집 안 한쪽에서 몇 년째 공간만 차지하여 다른 물건을 사용하는데 불편함을 주었다면 결국 그 물건은 우리에게 짐이 될 뿐이다. 그럼 대체 무엇이 잘못된 것일까? 잘 사용하려고 했는데 그 존재를 잊어버린 나의 건망증일까? 잘 활용하지 못한 살림 능력일까? 원인은 그것을 살 때 '나의 생활에 정말로 필요한가'를 깊이 생각하지 않은 것이다. 정말 '쓸모 있는 것'을 선택하기 위해서는 철저한 검토가 필요하며 '필요하다', '원한다'는 생각이 들면 우선 신중해야 한다. 한번 산 물건은 경제적, 심리적, 공간적 할애를 동반하기 때문이다.

내 취향에 맞는 물건 고르기

유독 좋은 물건을 고르는 센스를 지닌 사람들이 있다. 그런 사람들이 무척 부럽다. 하지만 나 역시 실패 경험을 토대로 조금씩 좋아지고 있다. 종종 리빙 코너를 방문할 때면 갈 때마다 맘에 드는 물건이 있는지 탐색한다. 그중에서도 집에서 입는 옷 코너는 반드시 들른다. 집에서는 아무 옷이나 입기 쉽지만 매일, 가장 오래 입는 옷이기 때문에 내겐 무척 중요하다. 옷 하나가 기분을 크게 좌우하고 맘에 들면 저절로 행복해진다. 집에서 입는 옷이지만 꾸준히 물건을 보러 다니다보면 나 자신만의 취향을 알 수 있게 되고 물건 고르는 실력도 키워지게 된다.

평생 함께 할 가게

신뢰할 수 있고 안심할 수 있는 '여기서 고른 물건이라면 괜찮다'는 가게를 알고 있다면 마음이 든든해진다. 평생 함께 할 가게가 있다면 물건을 늘리거나 수리를 할 때마다 아주 큰 도움이 된다. 헤맬 필요 없이, 무엇보다 같은 가게의 제품이라, 새롭게 들인 물건은 아주 오래전부터 그곳에 있었던 것처럼 매우 자연스럽게 방과 조화를 이룬다. 새로운 물건을 구입했다기보다 친구가 늘어난 느낌이 든다.

아무리 가게를 정해놓았다 한들 거기에 있는 마음에 드는 물건을 원 없이 살 수는 없다. 하지만 가게에 들러 '이거면 나도 살 수 있겠다' 싶은 물건을 신중하게 선택한다면, 사치가 아닌 '현명한 소비'가 된다. 중요한 것은 시간이 지나도 사라지지 않을, 변함없이 오랫동안 계속 운영해오고 있는 가게를 찾는 것이다. 신뢰 관계가 생긴, 자신의 취향에 맞는 가게와 오랜 시간 함께 할 수 있다면, 그것만큼 좋은 일은 없다고 생각한다.

'자기다움의 법칙'
살면서 가꾸는 우리 집

물건을 소유하는 본래의 목적은 자신이 원하는 생활에 도움이 되기 위함이다. 적지 않은 이들이 '물건의 양이 많다' = '풍요로운 생활'이라고 생각한다. 그러나 사용하지 않는 물건이 집 안에 넘쳐난다면 결코 풍요로운 생활이라 할 수 없다. 너무 많은 물건은 공간을 차지하고 좋아하는 물건을 묻어버리며 생활을 불편하게 만든다. 자기도 모르는 사이 물건이 너무 많아져 일상의 발목을 잡기도 한다. 소유한 물건 덕분에 원하는 것에 홀가분하게 매진할 수 있는 상태, 이것이 진정한 자기다운 집에서 사는 '풍요로움'이 아닐까.

내가 가진 물건과 잘 지내는 방법 (모르는 상태로 방치하지 않는 삶)

'나중에' 정리하자, '일단' 넣어두자... 이렇게 무심결에 미루고 쌓인 것이 결국 무엇이 얼마나 있는지 모르는 상황을 만든다. 깔끔하고 기분 좋은 집이라면 어떤 공간이든 '여기에 무엇이 있지?'하는 질문에 곧바로 대답할 수 있어야 한다.

물건들은 색상, 형태, 크기가 모두 제각각이다보니 공간의 미관을 해치거나 생활의 흔적이 드러나는 물건도 있으며 시각적으로 아름답거나 공간의 인테리어 역할을 하는 물건들도 있다. 식기, 시계, 인형 등은 소중히 보관하고 싶으면서도 주변에 두고 즐기고 싶어 한다. 보관과 장식을 모두 만족하기 위해서는 '감추는 수납'과 '보여주는 수납'을 잘 활용해야한다.

수납은 한눈에 내용이 보이도록 그룹으로 하여 물건의 위치를 명확하게 기

억할 수 있게 한다. 또한 시야에 들어오지 않으면 물건의 존재를 잊고 사용할
기회를 놓치기 마련이니 물건의 존재를 드러내 필요할 때 제대로 사용하기 위
해 물건에 라벨링을 해도 좋다.

우리를 둘러싼 모든 물건은 세월과 함께 변한다. 해를 거듭하면서 환경도 취
향도 바뀌기도 한다. 필요한 것, 중요한 것이 나도 모르게 변하는 것이다. 정리
를 반복하면 집이 깨끗해지는 동시에 자신의 변화를 깨닫는 계기가 된다. '지
금의 나'에게 초점을 맞춘 물건을 선택하게 되고, 정리와 검토를 반복하는 동

안 가진 물건을 편집, 정리하는 능력도 함께 커진다. 따라서 가지고 있는 물건의 양에 맞는 관리 능력이 생긴다.

작은 습관

밥은 외식도 할 수 있고 빨래는 세탁소를 이용하면 되지만 청소는 남에게 맡기기도 어려운 365일 계속되는 일상의 과제이다. 매일같이 허물을 벗은 듯한 잠옷, 몸만 살짝 빠져나온 어질러진 침대, 침대 위엔 셔츠, 바닥엔 양말, 소파 등엔 상의, 의자 위엔 바지, 엉망진창인 집을 말끔하게 정리해야 하는 '대청소'는 마음에 부담감을 가지게 한다. 나에게 필요한 것은 대청소가 아닌 집을 정기적으로 관리하는 생활 습관이다. 마음먹고 해야 하는 대청소보다 매일의 수고스러움이 집을 오랜 세월 정돈된 상태로 유지해준다. 집을 잘 유지하는 것은 일상생활의 작은 습관이며 매일 조금씩 꾸준히 하는 것이 중요하다.

일상생활의 움직임을 바탕으로 모든 것이 내가 정해놓은 자리에 놓여 있고 그 자체가 본래의 모습이 되었을 때 드디어 나다운 집이 된다. 내가 사는 집을 예쁘게 가꾸어도 시간이 지날수록 거부감이 생기는 것은 나의 일상과 무관한 예쁨이 사라졌기 때문이다. 내가 사는 집을 예쁘게 꾸미기보다 '편안한 상태'로 가꾸고, 매일, 매주, 그리고 매달 나의 작은 습관이 기본이 되었을 때 나다운 집은 잘 유지할 수 있다.

√ 우리 집을 위한 작은 습관

- 매일

☐ 아침에 일어나 이불을 정리한다.

☐ 창문을 열고 환기를 시킨다.

☐ 음식을 해먹지 않아도 주방을 사용한다.

☐ 물 한잔을 먹더라도 컵을 사용하고 그때그때 사용한 컵들은 씻어놓는다.

☐ 간단한 식사를 하고나면 싱크대와 식탁, 렌지를 청소한다.

☐ 가스렌지(인덕션) 그 주변의 벽과 상판을 청소한다.

☐ 벗은 잠옷은 치운다.

☐ 저녁에 벗어 놓은 옷들은 아침에 세탁기를 돌린다.

☐ 집 안의 모든 표면을 청소한다.

☐ 가득 찬 쓰레기통은 비운다.

☐ 먹고 난 후 그날 나온 음식물 쓰레기는 바로 버린다.

☐ 집안 바닥을 전부 청소기와 걸레질로 청소한다.

☐ 책상 표면을 닦아주고 주변에 쌓인 책 먼지를 청소한다.

☐ 샤워를 하고 나면 비누 거치대와 샤워 타올은 세척 후 널고 나온다.

☐ 양치질을 하고 나면 수도꼭지와 세면대 주변을 살펴보며
　　거울을 깨끗이 닦는다.

☐ 집에 오자마자 외투를 정리하고 가져온 우편물을 정리한다.

☐ 잠들기 전 빨아야 할 옷은 세탁기에 넣고 현관의 신발을 정리한다.

- 매주

☐ 빨래를 하고 세탁소에 드라이클리닝을 맡긴다.

☐ 셔츠. 바지를 다림질 한다.

☐   분리 수거일에 재활용 쓰레기를 내다놓는다.

☐   욕실과 주방, 다용도실을 청소한다.

☐   펜트리장에 일반식품의 유통기간을 확인한다.

☐   떨어진 생활용품은 무엇일 있는지 기록한다.

☐   장을 보면 식료품과 생활용품을 분리하여 정리한다.

- 매월

☐   매트리스를 뒤집는다.

☐   냉장고가 오래된 음식으로 가득차지 않게 안을 비운다.

☐   주방 후드를 닦는다.

☐   욕실 하수구를 청소한다.

√ 부록

- 투어하기 좋은 곳

인테리어를 하고 싶어 하는 사람들에게 현실적인 도움을 준다면 무엇을 말해주면 좋을까? 많이 보고 관심을 가지다보면 취향과 감각도 생기게 된다. 책, SNS, 인스타그램, 핀터레스트 등에서 인테리어 스타일을 보지만 막상 자신의 집을 실제 꾸밀 때는 마냥 조심스러워 지는게 사실이다. 인테리어는 공간으로 만져보고 느껴보는 것이 가장 중요하다. 어디서부터 시작해야 하며, 무엇을 봐야할지 모른다면 인테리어가 잘 되어 있는 곳을 가는 것부터 시작해보면 어떨까.

66 학동 거리를 간다는 건?

인테리어 소품과 마감재를 구경하고 싶다면 떠오르는 곳 학동역 가구 거리.

이곳에서 가구뿐만 아니라 자재, 소품, 주방가구 등 다양한 리빙 브랜드를 알 수 있다. 어떤 걸 봐야할지 모르겠고 브랜드별 특징을 파악하기 쉽지 않을 때 이곳 투어를 먼저 하면 기본적인 정보를 알 수 있다. 자재나 소품 등 내실 있는 브랜드 정보도 알 수 있지만 각자 리빙 공간에 적용한 모습을 볼 수 있어 공간의 레이아웃 정보도 함께 얻을 수 있다. 학동 거리를 간다는 건 어쩌면 자신의 취향을 발견 할 수 있으며, 자신의 라이프스타일을 업그레이드 시키는 계기가 될 수 있다.

66 합정을 간다는 건?

디자이너가 아닌 이상 다양한 마감재를 접하기란 사실 쉽지 않다. 보통 인테리어를 할 때면 필요한 자재가 있는 매장을 가야만 볼 수 있다. 그러나 합정에 있는 '콩크'에서는 인테리어 마감재를 보다 다양하게 볼 수 있다. 학동 거리에서 보지 못한 마감재도 이곳에서는 볼 수 있다. 만약 이 자재가 어디에 사용되는지 모른다면 직원 분께 물어보면 자재를 사용한 이미지를 보여주니 쉽게 이해 할 수 있다.

66 풍물시장을 간다는 건?

시간이 나는 주말이면 가는 곳이다. '오늘은 꼭 이 물건을 사야지' 하는 무거운 마음이 아닌 '어느 누가 사용한 물건이 나와 있을까' 하는 궁금함으로 가볍게 시작하는 곳이다. 보통 투어를 하면 모든 가게를 다 구경하는 편이지만 풍물시장은 거리 구경만 해도 재미있다. 가끔은 이 물건들이 왜 여기까지 나왔는지 이야기도 들을 수 있다. 학동 거리의 작은 소품 매장에서 금액에 놀라 눈으로만 구경했다면 눈에 띄는 작은 조명이나 소품을 발견하고 가격을 물어보면 쉽게 지갑을 열 수 있는 곳이 이곳 풍물시장이다. 특히 오래된 가구, 소품을 득템하는 경우가 많다.

" 다양한 동네 핫 플레이스를 간다는 건?

하루가 멀다 하고 SNS에 새로운 디자인이 올라온다. 특히 패션과 리빙 제품은 그들만의 콜라보로 다시 새롭게 나오기도 한다. 그러나 내가 계절마다 혹은 유행 따라 인테리어 공간에 변화를 주는 것은 생각보다 쉽지 않다. 다만 주거 인테리어 영역에서는 자신의 취향을 찾는 것이 무엇보다 중요한데, 자신의 취향을 파악하고 동시에 다양한 오브제들도 알고 싶다면 오프라인의 핫 플레이스를 가보는 것이 도움 된다. 이곳에서는 단순하면서도 유니크한 오브제를 공간에 어떻게 적용하는지 알 수 있기 때문이다. 공간을 보다 보면 베이직한 스타일을 유지하면서 트렌디한 오브제를 반영하는 공간이 있는가 하면 각 브랜드별 큐레이터 감각을 볼 수 있는 공간도 있다. 이는 보는 즐거움도 있지만 공간의 스타일링도 같이 눈여겨 볼 수 있는 기회이기도 하다. 핫 플레이스 속 오브제를 보며 내 취향에 맞는 아이템을 찾는 것은 쉽지 않지만 또 다른 공간의 재미를 느껴보는 것도 나쁘지 않다.

책을 마치며

둘째 아이를 가지며 쓰기 시작한 이 원고는 생각보다 많은 시간을 가지고 쓰게 되었다.

그동안 다양한 분들과 만나면서 자기 집에 대한 꿈을 가지고 인테리어를 하고 싶어 하는 분들이 많다는 것을 알게 되었다. 그러나 유행과 스타일에는 민감하지만 정작 본인이 무엇을 원하는지 모르는 것이 참 안타까웠다. 행복한 집에 살기위해, 멋진 공간을 만들기보다 더 나은 공간을 위해 집을 어떻게 바꾸는 것이 좋을지 생각해 보았으면 좋겠다.

이 책은 깊이 있는 정보의 공유는 없다. 하지만 쉽게 읽으며 문득 내가 원하는 것이 무엇인지 찾아가는 시간을 가지셨으면 하는 바람이다. 그리고 좋은 집에 살고 있다는 집의 기준을 다시 생각해 보셨으면 좋겠다.

더불어 인테리어를 새로 한 집만이 좋은 집이 아님을 꼭 기억하셨으면 좋겠다. 살고 있는 집을 행복한 집으로 유지하기 위해서는 집을 가꾸는 일도 중요하다. 집 안 구석구석 눈길을 주고 가꾸다보면 애착이 생기게 마련이다.

좋아하는 물건들과 함께 산다는 것이 바로 오늘이 행복해지는 가장 빠른 인테리어 비법이 아닐까 싶다.

포토 출처   한성아이디

사진을 사용할 수 있게 허락 해주신 남천희 대표님께 감사드립니다.

프로젝트 명

한남동 한남더힐	압구정동 미성아파트	도곡동 타워팰리스	회현동 남산 SK 리더스뷰
가락동 헬리오시티	대치동 포스코더샵	도곡동 개포우성 4차	잠실동 갤러리아팰리스
삼성동 아이파크	행당동 리버뷰자이	분당 서현동 시범현대	청담동 린든그로브
잠실동 갤러리아	반포동 반포자이		

성 냥 갑 에 서   벗 어 나 기

나다움 인테리어

1판 1쇄 인쇄 2021년 2월 1일
1판 1쇄 발행 2021년 2월 5일

지 은 이 전윤주
발 행 인 이미옥
발 행 처 아이생각
정   가 15,000원
등 록 일 2003년 3월 10일
등록번호 220-90-18139
주   소 (03979) 서울 마포구 성미산로 23길 72 (연남동)
전화번호 (02) 447-3157~8
팩스번호 (02) 447-3159

ISBN 979-11-97466-78-8 (03590)
I-21-01

D·J·I BOOKS
DESIGN STUDIO

굿즈 ———————— D·J·I BOOKS
캐릭터 DESIGN STUDIO
광고 2018
브랜딩
출판편집 J&JJ BOOKS
2014

I THINK BOOKS
2003

DIGITAL BOOKS
1999

facebook.com/djidesign